安全你我他

安全文化理念系列

安全你我他·一封家书

国网湖北省电力有限公司 编

中国电力出版社
CHINA ELECTRIC POWER PRESS

图书在版编目（CIP）数据

安全你我他：一封家书 / 国网湖北省电力有限公司编 .—北京：中国电力出版社，2020.2（2020.9重印）
ISBN 978-7-5198-4070-9

Ⅰ . ①安…　Ⅱ . ①国…　Ⅲ . ①安全教育－普及读物
Ⅳ . ① X956-49

中国版本图书馆 CIP 数据核字（2019）第 282269 号

出版发行：中国电力出版社
地　　址：北京市东城区北京站西街 19 号（邮政编码 100005）
网　　址：http://www.cepp.sgcc.com.cn
责任编辑：唐　玲
责任校对：黄　蓓　朱丽芳
装帧设计：北京宝蕾元科技发展有限责任公司
责任印制：钱兴根

印　刷：北京瑞禾彩色印刷有限公司
版　次：2020 年 2 月第一版
印　次：2020 年 9 月北京第二次印刷
开　本：787 毫米 ×1092 毫米　16 开
印　张：19.75
字　数：332 千字
定　价：85.00 元

前　言

安全是企业的生命线，文化是企业发展的不竭动力。近年来，国网湖北省电力有限公司（以下简称“国网湖北电力”）党委深入学习贯彻习近平总书记关于安全发展的重要论述，落实国家电网有限公司党组关于安全文化建设的工作要求，坚持党建引领，强化价值导向，以公司“本质安全·三年登高”和“旗帜领航·文化登高”计划为抓手，持续深化“安全你我他”安全文化项目落地。充分发挥安全文化的教育引导、习惯养成、制度保障等功能，不断提升企业安全“软实力”，为加快建设具有全球竞争力的世界一流能源互联网企业提供了精神动力和文化支撑。国网湖北电力“安全你我他”企业文化实践项目荣获全国电力行业优秀企业文化成果一等奖。

家庭是社会的基本细胞，安全事关每个家庭的幸福。国网湖北电力党委在“安全你我他”企业文化实践中，注重发挥家庭亲情在本质安全中的作用。本次开展的安全家书征集活动，紧密结合公司安全工作实际，以家书的形式，表达对安全生产、安全管理的理解和感悟，对家人平安的期盼和希望，叮咛、祝福亲人切实增强安全意识、履行安全职责、提升安全能力，营造“相互关爱、共保平安”的浓厚氛围，汇聚“安全为你为我为他、安全靠你靠我靠他、安全有你有我有他”的强大合力。

为集中展示成果，加强教育引导，国网湖北电力选取部分优秀安全家书结集成册，作为安全文化理念系列丛书之一出版。希望通过交流学习，推动电网企业党建企业文化与安全工作深度融合，进一步建设和弘扬电网企业优秀安全文化，不忘初心、牢记使命，共筑国家电网安全的精神家园和文化高地，凝聚起推动公司安全发展的强大动力，为公司新时代战略发展提供支撑和保障。

编者

2019 年 11 月

CONTENTS 目录

他用坚韧深情的目光注视

倾心编织成她的期望与幸福

理想在足迹里绽放

丈量每一束电光维度

雄关漫道　风雨兼程

我已将使命烙在内心深处

第一辑

THE FIRST VOLUME

深情的告白

我的安全　请你放心

胡洪炜

亲爱的敏：

这么多年，还是第一次以这样的方式和你说话，一时竟不知该写些什么。

老婆，你是了解我的。我言语短、脸皮薄，平时很多关心的话、愧疚的话、感谢的话，当着你的面就说不出口。今天给你写这封信，我想好好说说我的心里话。

我们从相知相恋到成为彼此的“另一半”，一直在同一个公司上班，你在办公楼里，我在电力铁塔上。很多时候，你们娘俩没起床我就出门了，你们睡下了我才回来，有时甚至会“消失”个十天半月的。我知道，我陪铁塔的时间比陪你们的多，我对这个家做得很不够。可你很少抱怨，“小心点，注意安全！”“放心吧，家里有我！”成了你常跟我说的话。这两句话，让我干起活来特别有底气，有使不完的劲。

老婆，我的工作很有挑战性，动辄几十米的高空，几十万伏的电压，我总是瞒着你，不敢细说，你也总说回家了就不谈工作。其实我知道，你那么聪明，你心里很清楚，我哪里瞒得住你。我也知道，你是不想给我增加额外的心理负担，让我安心工作。我更知道，你比我还要关心我自己。记得有次带电检修，我关了手机。由于一连爬了几基塔，有点累，我工作完上了返回的车倒头就睡，连报平安的电话都忘了打。结果你打电话到处问，转了几道弯，就为了确认我有没有平安下塔。从那以后，不管再忙、再累，我下塔后的第一件事就是给你打电话。

老婆，我能说的，就是请你放心；我能做的，就是处处细心。说到安全，我们一线的同志真是比谁都有体会。因为很多安全事故就发生在我们身边，而那些血的教训，无论哪一个都让我后怕，所以我们一刻也不敢放松！你看我们公司，安全培训每月都搞，事故案例总是在学，今年又出台了很多新的政策，比如标准化安全作业现场、安全“日管控”等等，就是要把安全工作抓在经常、融入日常，不断提升我们的安全意识和安全技能水平。再说我自己吧，平时出工也会多跟大伙多交代几句，上塔前多检查几遍，工作之余多看看安规、看看专业书，都已经成了习惯。安全这事儿，我还真不敢马虎。

老婆，其实我也有很多快乐想跟你分享。在塔上工作的时候，脚下就是田野大地，一片绿意，真的很美！每次干完活，想着又为我们的线路解决了几个隐患，我很满足！回家路上，憧憬着不久就可以吃到你做的菜，无比期待！我想，如果总是紧绷着神经，把工作当负担，时时刻刻给自己强加压力，那可就危险了。若是把“安全意识”培养成一种本能，把“安全技能”练就成一种习惯，全身心地投入工作、享受工作，单纯地追求最好、最优，就能实现从“要我安全”到“我要安全”。

老婆，不知不觉写了这么多，人都说随着年纪变大，总喜欢回忆过去。但我想的更多的是以后，想着以后能早点回家，做两个好菜，多陪陪你和孩子。

老婆，最后又要说抱歉了。现在正是军运会保电的决战时刻，我们马上要开拔奔赴现场。我这一走又是十几天，家里的事辛苦你多张罗，爸妈那儿常去看看。今天又起风了，感觉又要降温，你跟恺玲多加些衣服。家里的宽带我也修好了，我会每天跟你视频连线。想你！

安好，勿念。

爱你的洪炜

（胡洪炜，国网湖北检修公司）

回音壁

你若安好　便是晴天

洪炜：

看到你的信，已经很晚了，本想简单回个微信就好，但似乎还没有睡意，想想还是多写两句吧。

你做事认真、踏实，这点我最清楚。你说你安全没问题、身体扛得住，我肯定相信你。但你知道吗，你责任心强，生病了也不说，前不久又搞到住院，你说，我怎能不担心？你现在是咱们单位的旗帜，工作需要你，有很多人注视着你、期待着你，这我能理解。但我希望你千万不要给自己太大的压力，别让自己太累着，你可是家里的顶梁柱，是我和恺玲的依靠啊！算了，不说了，说多了你嫌我啰嗦，最后还是你自己要注意。你若安好，便是晴天。

洪炜，我刚又看到了军运会的新闻，想想规模这么大的活动能顺利举办，有你们的一份力，我这做妻子的，也挺自豪的。这些天在外面注意身体，别忘了吃药。家里有我，你放心。我和爸妈、恺玲等着你回来。不忙的时候记得视频，爱你！

安好，勿念。

爱你的敏

平平淡淡方为真　安安全全就是福

瞿　勇

亲爱的老婆：

夜已深，月正圆。我实在不忍心通过电话或微信来打扰你和儿女的梦境。于是提笔报平安。

五小时前，华灯初上，我漫步小径，正与你视频聊天，突然接到电话，八宝镇龟咀村 2 号台区开关跳闸。与你的视频中断了。我立马召集抢修队伍火速奔赴现场，连夜进行抢修。或许这已成常态，你并没有再次电话打扰我，而是用微信的方式给我留言：“注意安全！安全第一！”

在工作间隙翻读着你的信息，满满的挂念与担心让我暖心，让我欢喜。不禁想起你总在我出门时的温馨提醒：“一路小心哦！”在我回家时你带着儿女与我幸福相拥：“平安回来真好！”

是的，电力事业是个与危险相伴的行业，我怎么会不知道要时刻保持安全的警惕性，紧绷一根安全弦呢？我要感谢你，感谢你对我个人安全的真情提醒，更感谢你对我工作的大力支持。

记得你在生二宝的时候，我承诺一定要守护在你身旁，可是事与愿违。因为一个紧急命令，我不得不第一时间赶往现场。作为一个公司安全生产的负责人，我必须身先士卒，坚守一线，现场指挥，给职工们做出榜样。回来看你时，内心无比愧疚，知晓你们母子平安时才略感欣慰。起初，以为等待我的是怒斥与责备，没想到你却用虚弱的声音对我说："老公，我明白，你肩上担负的不仅仅是一个丈夫和父亲的责任，更有一名国家电网人的使命……"你的理解让我感动，有你真好。

月渐西沉，晓也星稀，我竟毫无睡意。每次出现场归来时，都是满身疲惫加上满心兴奋。从紧急施工到完美收工，整个过程中总有惊心动魄的场面，有化险为夷的转机，有镇定自若的决策，有雷厉风行的指挥，有快马加鞭的抢修……直到最后一切平安静好。我多么想及时与你分享这份美妙的感受。"安全无小事""安全大于天"，你的提醒与嘱咐时常响彻耳边，你的关心、支持和理解在我心里美美地绽放，有你相伴我真幸福！但愿安全与我们同行，与生命同行。

每次静下来翻开一期期安全简报，大红的标题那么醒目，现场情景触目惊心。每一份都是血淋淋的教训啊！正如你经常提醒的一样："前事不忘，后事之师。"我们每一个从业人员自从踏入电力行业的大门，就开始接受安全教育。安全第一，防微杜渐，预防为主，要牢记在心。所以我们要时时讲，周周学，月月喊。安全工作规程翻破了一本又一本，安全学习记录一摞又一摞。我们深深知道，万家灯火靠的是安全警钟长鸣。

亲爱的，你总说："平平淡淡方为真，安安全全才是福。"是啊！漫漫人生路，风雨兼程过。我们唯有倚仗安全的庇护，方能让有限的生命多姿多彩，让人生之舟扬帆远航。

爱你的老公：瞿勇

（瞿勇，国网荆州供电公司）

回音壁

你是坚强的依靠　你是幸福的源泉

亲爱的老公：

今天收到了你的家书，我感到既意外又暖心。意外的是结婚这么多年你第一次给我写家书，暖心的是原来我做的一点一滴你都记在心里。

算起来，你已经在外工作6年了。每当我看到家里的两个宝贝，一个在笑、一个在闹时，我总觉得自己是天底下最幸福的妈妈。但是一想到远处的你，我却又开始为你的安全担心。

提到安全，你我都不陌生。因为，你是县公司安全生产负责人，我从事调度监控专业。虽然专业不同，岗位不同，但都是公司安全工作的一分子，我们都深深懂得安全工作的极端重要性。尤其在学习事故通报时，我的脑海里，立刻就浮现出了必须要安全的念头。

要安全，就必须遵守规则。有规矩，才能成方圆。安规，是用血写成的。虽然执行起来有些复杂和麻烦，但做规范了，大家既不用担心检查，又能够平安回家，可谓是一举两得；不做呢，不仅违章扣分少不了，而且安全事故也光顾，可谓是“赔了夫人又折兵”。希望你能引导职工，一切从安全出发，凡是跟安全有关的事情，都要一丝不苟，认真做好，这样才是对自己负责、对企业负责、对家庭负责。

要安全，就必须注重细节。细节平凡无奇，像沙子一样微不足道，很容易被忽视，但却不可轻视它，安不安全都在于此。如果在现场勘察时，考虑更加周全；发现同事违章时，立即上前制止；做好施工安全的同时，也谨记行车安全……这些细节，看似无用，说不定就因为你的一句话，一个动作，一个念想，就能够避免一场安全事故的发生。

如果把安全比作一个挑夫，那么，它一头担着一个企业的健康发展，一头担着千百个职工家庭的平安幸福。只有遵守规则、注重细节，行得正、走得稳，企业发展才能越来越稳健，家庭才能越来越幸福。

在未来的日子里，我希望你在工作、生活中都能够注意安全。在工作中，切实担起安全生产责任人的担子，高标准，严要求，强执行，让职工都能时时刻刻想安全、要安全、懂安全，遵规守纪，注重细节，开开心心上班来、安安全全回家去。在生活中，无论是上下班，还是参加锻炼，事无巨细，都要注意安全，照顾好自己的身体。

老公，现在我们有两个可爱的宝贝，是幸福美满的一家子。对于我而言，你是坚强的依靠，对于我们家而言，你是幸福的源泉。为了孩子，为了父母，为了我，为了我们共同的家，我还是那句话：“亲爱的，请注意安全！”

爱你的老婆：陈文姣

你的关爱照亮我的地下隧道作业路

黄泽琦

亲爱的老婆：

见字如面。

很少跟你谈及我的工作，想给你和家人写一封这样的信，跟你谈谈我思考的事情。虽然在这个信息交互技术如此发达的今天，信件绝不是效率最高的方式，但却是我以为最具仪式感的一种。

亲爱的老婆，我想告诉你，就在今天，我和我的同事们完成了军运会保电重要电缆线路的缺陷查找和严重缺陷处置，历时半年多，通过带电和停电检测技术好好地给电缆线路做了一次大体检。一方面进一步了解电缆线路状态，另一方面为电缆线路可靠运行提供了依据。这是一项光荣且艰巨的任务，光荣之处在于我和我的战友们一起完成了这项史无前例的工作，为武汉世界军运会贡献了我们的一份力量；而艰巨之处则在于如何坚守耗时冗长的工作安全红线。

大部分人并不清楚，我们的工作现场是在地下的隧道里。那里没有手机信号，每每给你发出那条“我要工作了”的信息后就“人间蒸发”了，这种情况着实让你适应了好一段时间。无法快速与外界保持沟通也成为我们工作的首要风险点，为此，每次的工作安排都要做好周密的部署，尽量在有限时间内有效完成工作内容，缩短在地下通道内的停留时间。在有限空间内作业，空气质量成了我们最关心的问题，严格按照“先通风、再检测、后作业”的原则，严禁工作人员进入有毒、有害、易燃、易爆物质积累或氧含量不足的空间内。地下的环境总是潮湿或者光线不足的，工作的时候，我们必须在照看好自己的前提下，尽量提醒工友们，注意各种路面湿滑、构件锈蚀、积水深度等可能存在的风险，特别是在光线不足情况下，容易造成对带电距离的误判。可以说，在地面轻松完成的工作，在地下有限空间内就变得复杂很多。所以，简简单单的一句“平平安安上班去，高高兴兴回家来”的口号，里面充满了我们团队成员本质安全的工作意识，以及细致和全面的工作质量。

还记得刚入职的时候，全国劳模阮羚前辈就教导我：“不管你学历多高，能力多强，都必须对现场安全有敬畏之心”。这句话像烙印一样深深印在我的心里，时刻鞭策着我，促使自己时刻保持清醒，避免出现麻痹大意。通过不断学习安全文件和规程来强化安全意识，通过现场实践积极践行安全要求，思考工作细节，不断总结安全经验，才能使自己与时俱进抓好安全，更好地应对现场的千变万化。

我要感谢你和孩子，正是你们的关爱成为我想要安全的源泉；我要感谢我的工友们，正是他们的职业素养成为团队安全的根本保障；我要感谢前辈们，正是他们的指点让鄂电安全精神得到了传递。只有“安全有你有我有他，安全为你为我为他，安全靠你靠我靠他”，才能构建一支能安全工作的团队，才能打造一个要安全的集体，才能营造出从本质上确保安全的氛围。

最后，祝愿你和家人平安快乐，祝愿你我在各自的岗位上能时时处处注意安全，为电力企业的安全生产贡献力量。

黄泽琦

（黄泽琦，国网湖北电科院）

回音壁

我和孩子期盼你的笑容每一天

亲爱的丈夫：

没有想到会收到这样一封来信，甚是激动。从未听你谈起过这么多工作细节，看到你在工作岗位上做出的努力和奉献，我和家人由衷为你感到高兴和自豪。出于对你安全的担心，不由得让我也按这种方式回信。

亲爱的老公，还记得我们刚结婚那会，你还是个现场“小白”，你说只有在现场摸爬滚打才能练就一身真本事，我很支持你。刚开始在现场工作有些磕磕碰碰，你总把这些经历当笑话讲给我听。每每在欢声笑语之余，我看到的是你鬓上多了的白发，说话做事越发注意细节，遇事处事愈发沉着冷静，在你的成长中我见证了一个男人从青涩到成熟的蜕变。

现在的你主要从事电缆线路专业，工作更加繁忙。我知道你要面对的现场有各种纷繁的情况和境遇，我和孩子希望每天不仅能看到你匆匆离去的背影，还能看到你安全回来的笑容。

我相信你会注意安全，因为我们现在的家温馨甜蜜，我们的孩子乖巧可爱。我会在工作之余，尽最大努力照顾好家，让你时刻感受到家的温暖。所以，请你在工作中一定要一丝不苟地按照安全规程及相关规定，履行好自己的职责。这不仅是对自己负责，更是对家人负责，对我和孩子负责，也是对工作负责，对企业负责，对你所热爱的电力事业负责。工作中不管何时，有一点是不变的，那就是谨慎！要永远牢记“安全第一，生命至上”的安全价值观。

电如水火，审慎待之，则福泽多方，鲁莽大意，则玉陨瓦破。我相信你会用科学的方法、周密的计划、完备的措施，保护好自己，保护好工友，保护好企业。因为你和你的战友们都担负着人民电业为人民的神圣使命，肩负着维本为职、维岗为企、维家为社会的重任。

最后，愿你和你的战友们时时刻刻注意安全，扎扎实实干出成效，为鄂电央企创造安全文明的明天。

童雅芳

走

肖　辉

老婆：

走了！
晨曦中伴着微光，
这一次女儿生日，
爸爸的祝福，
依旧难以临场。
我知道，
小棉袄的陪伴，
有保鲜期，
但岗位上设备的告警信息，
是那样的急待处理。
再一次的失约，
请原谅，
父亲不合格，
丈夫亦失职。

善解人意的你，
请不要生气，
我守护的，
是电网最核心的境地。
设备区里林立着，
电网的脊梁。
主控室里静躺着，
系统的心脏。
安全起于它们，
也缘于我们，
依赖着我们这一群，
不负匠心使命的电力人。

我知道，
妻女最忧莫过“安”。
但“十不干”里，
守住的是安全底线。
“十二项禁令”中，

保住的是安全核心。
安全第一，
生命至上，
标准作业，
杜绝违章，
这已不是口号上的要求，
而是行为习惯的释放。

电网建设，
任重而道远，
设备维护，
琐碎且繁杂。
习总书记有讲，
虽有困难，
也要劈波斩浪
纵有阻碍，
更需扬帆起航。

如果不去行动，
何谈爱企如家？
奋斗人生最美丽，
勤奋工作更幸福。
请放心，
我一定照顾好自己，
将安全牢记心上。

仿佛经常分离，
但却终身相依，
这就是电力爱情的魔力。
三型两网正在聚力，
世界一流初见端倪，
新的征程已经开启，
奋斗时代已经来临。
做匠心路上的取经人，
这一刻，
请为我聚力！

老公

（肖辉，国网黄冈供电公司）

回音壁

去

肖　钒

老公：

去吧！
失落中满是苦辣，
这一别，
借口也显复杂。
“我想，见见爸爸，

我更想，生日有他。”
这是女儿的喃语，
我代为传达，
只愿你，
见字如她。

生气？
难以数起。
埋怨？
何曾停息。
亲戚家人眼里的光鲜亮丽，
怎能敌同事朋友频享的
天伦之宜？
聚少离多的生活里，
该用什么，
来增添你我的情意？

家外是同事，
家里是夫妻，
也许，只有同在一个企业，
才能感受，你不为人知的不易。
国家有了新发展，
电网有了新变化，
企业有了新面貌，
“不易”也就有了“意义”。
值！
也请你，
注意安全，保重身体。

在企业如家，
张弛有度，
“情”法从宽，
“安”法从严。
条条框框虽烦琐，
却能实在保安全。
望你，
遵规用脑，
安全生产不大意，
守纪走心，
条例规定不嫌繁。
制度有力量，
安全才有保障。

去吧！
你在前沿，
我在后方。
这一次，
妻女共帮。

人民需要幸福，
民族需要复兴。
愿你，
不忘为民初心，
牢记匠心使命，
那一刻，
美好定在前方！

老婆

援藏路上，温暖前行

黄 坚

亲爱的老婆：

见字如面！

不知不觉来西藏曲松 10 个多月了，由于天气干燥、缺氧，刚来这边感受最大，你们问得最多的，就是有没有高原反应、身体适不适应。刚来时反应还是挺大的，每天只能睡 2 到 3 个小时，为了尽快适应这里的环境，我每天按时吃饭，及时调整状态，强迫自己休息，不酗酒、醉酒；定期测量心跳、血压等指标，身体有不舒服时及时去医院检查，慢慢地每天能睡 4 个小时，现在每天可以睡 6 个小时，身体上也算适应了，不用担心。你常常给我说，西藏山路多，道路险峻，交通事故频发，坐车时要多注意。我听你的，这边我们自己是不开车的，也合理安排工作计划，不让司机疲劳驾驶，尽量不夜间坐车走山路，工作和交通安全请家里放心。

这边的安全基础薄弱，因此我在开会、交流时，不停地给他们讲安全的重要性和现场的注意点。在现场时，更是不停地教他们怎么做是安全的，要做好哪些安措，也因为安全问题多次批评、考核了他们。每次在电话里和你说这些时，你都说只在曲松待一年半时间，没必要这么较真，考核他们会得罪人。但我想和你说的是，他们每个人都是家里的顶梁柱，万一出现点意外，毁掉的可能就是他们整个家庭。如果通过我这一年半的努力，能让他们转变安全理念，养成主动注意安全的习惯，就算是得罪人、让他们对我有想法，我也愿意，这也值得。

时间长了，每次和儿子楷楷视频，他都故意躲着我，说不想看我。有一次他说：“视频有什么用？又摸不到，又不能带我去玩。”我知道他心里还是想念我的，但是不善于表达，不想失望，反而刻意地去回避了。请转告楷楷：“爸爸爱你，爸爸去很远、很冷的地方工作，就是为了让那里的小朋友能更明亮、温暖地和他们的爸爸、妈妈在一起。爸爸很快就回来了，回来后天天教你写作业、给你讲故事片、带你出去玩。你在家里要听妈妈的话，好好吃饭、认真学习！”

“一人援藏、全家奉献”。我出来之后，最累的就是你，5 岁的儿子、80 多岁的奶奶，都需要你来照顾，家里里里外外的事都要你来扛，你在家里辛苦了！想说的话还有很多，但这边缺氧，思绪混乱，总之你在家里也要注意休息、适当放空心情，保重好身体。

一年半时间，很长也很短，愿一切安好！

思念你的丈夫：黄坚

（黄坚，国网黄石供电公司）

回音壁

万里之外，寄上我的思念与祝福

亲爱的老公：

很高兴收到你的来信。知道你远在西藏曲松身体上慢慢适应了，工作上也在正常、有序、安全的开展，我和家里人都很高兴和欣慰。你在信中说你为公司员工的安全，不惜去得罪他们，因为他们每一个人都是家庭的顶梁柱。但是我想说的是，你更是我们家的顶梁柱，特别是前段时间在新闻里看到，政府部门第九批援藏人员，在刚到西藏时，相继有三位同志因高原反应不幸离世。你在那边还是要保持警惕，时时刻刻要注意安全，身体上注意休息，多检查；工作上要严格遵守各项规章制度，不要蛮干；注意交通安全，坐车时也要关注司机状态和路况。

我给楷楷说了你来信的事，楷楷要我给你说：“爸爸，我在家里可乖了，都

是自己吃饭、写作业，我今年上幼儿园大班了，兴趣班还是学的美术，我还不会写字，给你画了一幅画，画的就是你和妈妈一起带我出去玩，你在那边要多吃点，你看我把你画得可胖了，还有你要快点回来。”

家里现在一切都很好，你在外面安心工作，不要挂念家里。你已远行，万里之外，让我寄上温馨的祝福，带去家里人深深的思念，若思念可流转，只望伴你平安。一声祝福，洗去你一天的劳累，一句冷暖，照顾自己让家人心安，一片心意，愿你进入甜美梦乡，睡得更香！祝工作顺利，万事安好，我和楷楷盼你平安归来！

等你归来的妻子：陈志红

我们都在奋斗的路上奔跑

夏 荣

万云：

嗨，万总，国庆了，70 周年华诞，想你了。

你总说我的工资不高，却还要常年出差，家里有事的时候，我老帮不上忙。这个家，我付出的最少。sorry! 我是共产党员，当我有了这个身份之后，我已经再也不是原来的我了。因为，这个信仰，让我必须以国家为重，必须以信念为重。

你总说人要有信念，而我已经找到了我为之奋斗的目标。当我在西藏自驾的时候，看到那些藏民从家门口，三拜九叩，不分昼夜，不顾风雨，向着心中的圣地朝拜，这让我知道了信仰的意义。当我在非洲援助的时候，看到非洲人民对我喊："China！ China！"的时候。我越发感受到了作为中国人的自豪。

今年夏天，我参加 500 千伏夏凤二回线路停电检修工作，作为工作负责人，我需要白天黑夜的不间断巡查。白天盯现场做准备，夜里盯高铁上空放线施工，用我们的专业术语这叫"四级风险"。你想想，每天只能在高铁上空放线三四个小时，因为高铁每天允许我们施工的时间就那么短，常常在零点开工，凌晨四五点才收工。你老担心我夜里看不清楚，工作的时候会不会有危险。其实，我们夜间施工的准备工作还是做得很细致的，各种照明设备将施工现场都照成了白昼，各类保护措施都严格执行，跨越高铁的地方还设置了跨越架和封网绳，你就放心吧。我还配备了手电筒，走哪都有亮光。唯一的缺点就是蚊子太多啦。你总说我睡眠时间太少，可是那时候比我更忙碌的领导都没有休息，连他们都在紧盯现场，我又怎么能休息？正是那时候，你说从小对我特别好的舅舅去世了，我也不去见最后一面，是大不孝。而我，对于老人，只能愧疚啊！我以为对舅舅的思念不应该只是苦闷和追思，更多的是奋力拼搏，向前，向前，再向前！因为只有让我们祖国更强大，才能告慰我那逝去的亲人。没有国，又何来的家，不是吗？

一直以来你和我都喜欢旅行，特别是去国外。然而你知道吗，当我去过的国家越多，我却越热爱我的国家，更坚定我奋力拼搏的力量。so，我再也不是当初那个你爱的傻小子了。这就是所谓的“成长”吧。

两个人，一个家，在各自奋斗的路上奔跑，请你多担待。

国庆节和军运会保电期间的工作，又会持续很长一段时间，这个家，我顾及不到的地方，又要多辛苦你了。希望你能理解，尽管我说过好多需要你理解的话……对于我来说永远是工作第一，家庭第二，让你委屈了。从来没有陪你过过任何一个节日，因为那是我最忙的保电时刻，万分抱歉！都说好要陪你去旅行的那些计划，今年是实现不了了。请给我时间，等我忙完这一阵，一定带你去那些我们要去的地方，去体验异国风情，还有那些街边的咖啡馆和海边的果汁店。

好久没有给你写过信了，因为大家都熟悉了快餐式的微信聊天，今天想写下这段文字给你，是因为我老觉得，书信的方式更传统，更能完整地表达我对你想说却来不及说的话。爱你！永远，就如我在婚礼上发誓的那样。

想你了！

夏荣

（夏荣，国网湖北检修公司）

回音壁

你平安回家就行

夏荣：

嗨，你的信件我已收到，很感动也很感谢能收到这样一封你的家书，我不会写像你那样煽情的书信，你能平安回家就行。

万云

我在军运保电现场庄严宣誓

张志浩

亲爱的老婆：

离开荆门到武汉参加第七届世界军人运动会电力保障工作已经快一周了，我已习惯这边的工作和生活节奏，一切安好，请勿挂念。

刚到武汉的第一天，我们荆门公司就针对本次保电工作成立了汉口二区临时党支部。在鲜红的党旗前，我重温了入党誓词，深刻感受到了肩上的责任和使命，不禁热血沸腾，暗下决心，一定要尽自己最大的努力圆满完成保电任务。

从荆门出发前，公司为我们精心准备了《军运会保电工作手册》，详细记录变电站站内设备状况、运行方式、应急处置流程等注意事项，我已经用最快的速度把手册的内容摸熟、吃透了。放心，我始终记着你常说的那句“安全是每一处细节的落实，不能放过任何一个疑惑”呢。

每天，在变电站里，我会严格依据规程规范，对装置告警、报文、压板、二次回路测温等逐一检测，不留死角。

昨天，在巡查过程中，我通过红外测温发现 1 号主变高压侧汇控柜内断路器泄压通道处温度达了 91℃，而其他间隔相同位置温度只有 30℃，我立即将情况进行了汇报。半小时后，王班长带着检修人员前来处理，缺陷消除后，他们对我竖起了大拇指。从缺陷汇报到消除，效率之高，让我感受到了武汉速度，也很荣幸自己是这其中的一分子。

这边住宿条件不错，给人一种家的温馨，不远处就是地铁站，出行便利。每天早晨，我都会起个大早，跟同事们一起在门口的一家早餐店吃热干面，真希望能有个机会跟你一起回我们的母校华科，再去西一食堂吃上一口最地道最熟悉的味道。虽然每天工作忙碌，但我们也从来不敢放松神经，毕竟，这可是我参与的级别最高、规模最大、标准最严的保电任务，我可不能给公司丢人。

现在，我每天除了担心设备的状况外，最担心的还是你的安全。你一个人在家，一定要多多保重，每天记得多喝水、锁好门，国庆出游也一定要注意安全。

今天测温的数据我还没分析完，就先说到这里，坚守阵地的同时，我也在期待着与你重逢，一个月后，一定不辱使命，平安回家。

张志浩

（张志浩，国网荆门供电公司）

回音壁

如果可以，我希望你一辈子做个平凡人

浩哥：

来信收悉，见字如面。现在是 10 月 2 日晚 10 点，我已抵达云南，在临洱海的窗边给你写这封回信。此刻，窗外万籁俱寂，我心中却思绪万千。

你在来信中提到了“安全”，我想，这也正是从一周前，你奔赴武汉参与军运会保电以来，我最挂怀的一个词。

可能是年纪渐长以后，心态就愈发不好，从前的天不怕地不怕早已在岁月的磨砺中变成了这也担心那也牵挂。每次在告别的时候，心底总有一股潜意识在隐隐担忧，怕这就是最后一次见面，怕明天和意外，不知道哪一个会先来。以前看到网上说“我最喜欢的道别是明天见”，还嘲笑别人过于矫情，现在却觉得太能理解。

昨晚，我去看了《中国机长》，感触颇深。在灾难面前，一切事物仿佛都显得无比渺小，一切努力好像都变得那么苍白，但正是因为英雄机长刘长健始终坚守着“敬畏生命、敬畏规章、敬畏责任”的信念，在多重极端考验中，他凭借着过人的胆识和高超的技能，力挽狂澜，硬生生从死神手里抢回了一百多名乘客的生命。

机长的职责是开好飞机，安全地把乘客送到目的地。而作为电力工人的你，职责是守护好设备，安全地把光明和温暖送到千家万户。你们虽然岗位不同，但都始终绕不开“安全”二字。其实想一想，“安全”这东西也挺奇怪，它就像空气，平时我们根本感觉不到它的存在，只有当失去的时候，才知道它的重要性。

我这样联想，并不是希望你也成为英雄，相反，如果可以，我希望你一辈子都能做平凡人，平平安安，一切顺遂。但是，我希望，即使在平凡的工作里，你也能像刘机长那样，始终做到“敬畏生命、敬畏规章、敬畏责任”，让我每天都能听到你顺利完成工作任务后报平安的电话。如果哪一天，在工作中遇到了危急情况，我希望，你也能以过硬的本领，保护自己不受伤害，保护周围的人不受伤害，保护设备不受伤害。

我相信，你可以做到，因为从刚入职起，优秀的你就总能在安规考试中取得满分。到工作慢慢入门，慢慢挑起大梁，我也总能在你每晚开心的分享中听到你今天又发现了哪个隐患、消除了哪个缺陷，你的技术水平也在一天天提高，这些都让我感到十分欣慰，但最开心的事，还是莫过于每天看到你平安回家。

我知道，军运会保电的压力很大，你们身上的担子和责任不轻，在心疼你的同时，仍然要再嘱咐一句：“工作中没有小事，一切细节都要留心，经过你手的事情就不要留下任何瑕疵。”

我会在家里等待你的凯旋。

钟文

万里援藏路　一颗不变心

胡　非

亲爱的老婆：

夜已经很深了。此时此刻，外面的灯火逐盏熄灭，家家户户都进入了梦乡，可你却依然忙碌地穿梭于病房之间，忠实地履行着作为一名医生的光荣职责。此刻的我，辗转反侧难以入眠，于是披衣起身，写下我对你想说的话，希望你能在字里行间体会到我对你的款款深情和浓浓爱意。

回想去年，为了圆梦我毅然选择去援藏。平均海拔 4200 米，干燥、紫外线强、缺氧、昼夜温差大，陌生的同事和环境，这些便是我对曲松县的第一印象。在克服了高原反应、环境恶劣等困难后，我很快地进入了工作状态，相继开展了“三区三州”配网工程改造、十四五规划项目申报等工作，各项工作还算有声有色。而工作之余，想家之情越发浓重，对于我的家人，我是不称职的——作为儿子，没能对父母尽孝；作为丈夫，没能对你尽爱；作为父亲，没能对儿子尽责。

特别是对于你，我更是十分愧疚。你白天要全身心投入工作，晚上还独自照顾儿子，很是辛苦。当得知，你再次怀上宝宝，我心里既高兴又难过。高兴的是，我又可以当一回爸爸，我胡家又一次添丁增口；难过的是，宝宝来得不是时候，儿子还未满两岁淘气得很，我又不在身边，所有的压力都得你一个人扛。所幸的是，这一切你都扛过来了。这一年，最辛苦的是你，请允许我对你说一句“老婆，你辛苦了！”。

偷偷告诉你一个小秘密，我们公司出于人文关怀，同意家属去西藏探亲一次，报销来回机票和住宿费，这真是一次难得的去西藏旅游的机会。可惜你身怀六甲，条件不允许你过来。但你放心，我承诺，等咱们的娃都长大点，我陪你去西藏走一趟，去领略一下“世界第三极”的美好风光。

对于家庭和工作，你都如此称职。我知道，你平时工作认真负责、专业技能过硬，对病人更是体贴入微，但即便如此，你也一定要时刻绷紧“安全”这根弦。作为医生，面对形形色色的患者，随时都会发生各种各样的突发情况，生命无价，所以无论如何都要保证患者的安全。这就要求在繁杂的工作中必须严格细致按规范动作一丝不苟地操作，认真严谨地做好每一台手术，书写每位患者的病例、医嘱和护理记录，从而保证患者和医疗工作的安全，同时也保护了我们自己。

一个家庭恰似大海中的一艘航船，而船长、水手是一个不可分割的整体，必须密切配合，航船才能驶向幸福的彼岸。如今，我们家也即将迎来第二个宝宝，为了我们的孩子，也要做好安全工作，平安回家，这不正是父母亲人对我们的深情期盼吗？

爱你的老公

（胡非，国网黄石供电公司）

回音壁

你好好的，我到西藏来看你

亲爱的老公：

近好！

你的来信我已收到。看了这封信，知道我为家里的付出有人懂，我的工作有人关心，我倍感欣慰！趁着今晚病人少，我早早地查完房，现在有空给你写封回信。

前段时间你发过来你在西藏曲松县外出工作的视频，在视频里可以看到——你们的电力车辆行驶在山路上，全程是泥巴路，路宽仅允许一辆车通行。左边是高山，右边是万丈深渊，万一司机的腿不正确地抖动一下，就有可能出现致命的意外。在远方观看视频的我都感觉胆战心惊，何况是坐在车上的你呢？为了自己和车上人员的安全，记得一定要提醒司机打起十二分的精神安心开车。

亲爱的老公，你是家里的顶梁柱，你的安全系着我们全家人的幸福。为了含辛茹苦把你养大的父母，为了乖巧懂事的儿子，外出工作一定要注意交通安全。作为你的妻子，我不得不这样一次又一次地提醒你。

最近，看到了几则新闻，都是关于援藏人员猝死的消息，让我新增了对你身体的担忧。让我印象最深刻的一则新闻，是上海市第九批援藏干部人才成员赵坚同志在日喀则突发疾病因公殉职，年仅 38 岁。一位生活条件优渥的上海年轻医生，远离家人，将生命奉献在雪域高原之上，他的家人一定是悲痛欲绝。亲人的心都是很近的，看了这消息，妈妈让我立刻给你打电话，把她的话细细跟你交代。

工作固然重要，但没有了生命作为基石，什么都是空中楼阁。在援藏期间，一定要注意身体，感冒一定要重视，累了就休息一下，别逞强。只有身体搞好了，才能更好地工作。工作时必须牢牢树立安全生产的意识，不能有丝毫的疏忽，因为一时的大意，都可能酿成终生的悲剧，造成社会的负担和家庭的不幸，万万不能大意！老公，你不在身边，你不知道妈妈说这番话，语气是多么的沉重，态度是多么的认真，你一定要记在心上啊！儿女的安康是父母最大的安慰。

亲爱的老公，为了我们全家人的幸福，你的责任不允许你有丝毫的疏忽大意，我要你永远记住车行万里路，走好每一步，对自己生命是最大的保护，也是对家人最大的责任。

爱你的老婆

爱的誓约　永记心间

罗　凯

爱妻妮娜：

见信好！

我刚忙完手头的工作，看看表，现在是印尼雅加达时间晚上 10 点 16 分，国内的你和儿子应该已经进入梦乡了吧。

一晃来印尼已经大半年了。目前，作为我国首批出口的百万级火力发电机组已经顺利并网，想到这里面有我的一份功劳，再苦再累也都烟消云散。

已经好久没有写信了。比起在视频里看到你和儿子的笑颜，夜深人静里的文字，也许更能寄托我对你们的思念。

以前你总问我工作好不好，生活好不好，我的回答总是那简单的三个字："我很好"。你责备而娇气的表情一直萦绕在我脑海里，不是怪我敷衍，那是对我的担心吧。老婆，现在你都不问我好不好了，而是在每次通话结束之前送我最后四个字"注意安全"。说实话，这四个字我每天都能听见，但是从你的嘴巴里说出来，听得我的心暖烘烘的。这四个字已经取代了我们之间所有告别的语言，似乎成为一种仪式，一种只属于我俩的仪式。

安全——这根弦我始终都绷着呢，老婆。

你说我是家里的顶梁柱，是丈夫是儿子也是父亲。为了照顾儿子你却毅然辞去了工作，让我安心。你说，要是我在外不注意安全，那你为了我们家所做的牺牲不都白费了吗？安全，是你对我的嘱托，更是我对你的誓约！

老婆，我心头除了挂念你和儿子，就全是安全了。

我们工地每周都有安全学习，我们有一个负责的安全员。还有，我们制定了地震、海啸的应急预案，这一下，你可以放心了吧。

你总开玩笑说过劳肥，别笑话，这已经在我身上应验了。每天工作结束，我就只想睡觉，你塞给我的跳绳已经沉睡几个月了。加上食堂的伙食“杠杠的”……等工程结束了，我保证少吃多动，把肚子上的肥肉都给减掉，别让儿子学他爸，呵呵，都快胖出“天际”了。

老家该入秋了。我担心我妈的腿病，感谢你提前备好了药。但你父母那边……咳，我也只能通过微信表达问候。他们就像被你传染一样，三句话不离安全。烦请转达二老，为了他们的女儿和外孙，我一定保证安全！

祝愿全家平安！

丈夫罗凯

（罗凯，国网湖北电科院）

回音壁

我只能做一个小喇叭

亲爱的老公：

想你了！

看到爸爸的来信，小家伙激动极了。他抢过我手里的信看了好久，尽管他只认得寥寥几个字，但我从未见过他那么认真的模样。儿子也一定想你了。

家里一切都好。

工程进展顺利就好。你的工作很辛苦，结婚七年了，只有两年你能从年头陪我到年尾。但我知足了，只要你平安就好。

你的来信里有六处谈及安全，看来你真是把我的话放到心坎里了呢。我知道你不怕苦，但一想到你为了工作拼命的样子，我的心就隐隐地疼，比起你为这个家的付出，我辞掉工作又算得了什么呢？

我不能分担你工作的累，我不能舒缓你身体的乏，我甚至都不能陪在你身

边看你安心入睡的样子。身在海外的你，一定能感觉得到我的内疚吧。我想，我只能做一个小喇叭，时刻提醒你远离那些随时可能瞬间吞噬我们所有幸福的恶魔，因为安全在，你就在，有你在，家就在。

告诉你一个好消息，上周儿子获得了男子花剑U5级别的季军。他说让我对你保密，因为他想等你回国后给你一个惊喜。抱歉我没有守住这个秘密。儿子学习很努力，他说要像爸爸一样做一个奋斗的男人。我想，他真的长大了。

爸妈的身体最近很好，请你放心。平日里你在身边唠叨半天都会忘记吃药的妈妈每天都能按时吃药，她说是不想让你在国外替她操心。我爸妈也一直挂念你，希望你能早日归国。

注意安全！

爱你的老婆妮娜

为咱们的美好生活撑起安全一片天

高 航

亲：

你好！

当你在学校收到这封信时，一定会感到非常诧异！在互联网信息化高速发展的今天，谁还会用这种传统落伍的方式写信？更不会相信是你老公会给相濡以沫、天天相见、相爱十年的妻子写信？

是啊，我们虽朝夕相处，有过很多次促膝长谈、无所不谈，但以书信的方式和你交流，这是我俩平生的第一次，也是第一封家书，令我倍感亲切。

值此我俩结婚十周年之际，以书传情，弥足珍贵，也算是一种情书和特殊礼物的纪念吧！希望你能体会流淌在字里行间的款款深情和浓浓爱意。

亲，这十年来，咱俩相亲相爱，共同打拼，现在有了一个幸福美满的小家庭，并且还有两个可爱的孩子和我们各自的事业。我们俩是这个家庭的“天”，而我作为你的丈夫和孩子的父亲，更感到责任重大，所以，我要与你同行，共同为这个家庭撑起安全一片蓝天。

亲，自从我主管电力营销安全工作以来，获取和见证了大量的血淋淋的事故教训，给家庭、亲人和朋友带来了巨大的悲痛，给企业和社会带来了重大损失。

使我深刻体会和认识到安全事故无处不在，安全工作重于泰山。正应验了那句俗语：安全是根绳，牵着千万人；安全是根线，连着亲人念。

亲，你是我的妻子，我有责任与你共建安全，保护好你，安全不能让你缺席；其次，你是人民教师，你有责任为人师表、言传身教，引导莘莘学子健康成长，所以我也有义务与你达成共识和默契。生命无价，我们的生命都掌握在自己手中，但愚昧和无知抑或粗心大意都会酿成悲剧。安全是一种观念，只要我们意识中时刻想着安全，想着一个人牵挂着许多人的心，想着家中翘盼你归来的家人，我们就更应懂得保护和珍爱自己。

亲，我们每天都忙碌在各自的工作岗位上，你已经融入我的生命，你的平平安安对我和孩子是多么重要。希望通过这封信能增强我们对安全重要性的认识，加深彼此之间的关爱。为了你的安全，我亲自勘验过，咱们家距离你的学校足足有 20 分钟的步行路程。这段路，车辆密集、行人穿梭、路口较多，无论你是步行、骑车、还是乘公交，每天都让我牵肠挂肚，这就需要你集中思想、规范出行；礼让三分、来去平安。同样，我还亲自检查过咱们家的电器设备、煤气设施及居住设施都处于安全状态，这就需要你熟悉生活常识，储备消防安全防范知识，科学使用、正确操作，确保自身和家庭财产安全。还有，你作为人民教师，你的一言一行更是指引学子们前进的榜样和楷模。只有你时时重视安全，处处做到安全，才能更好地传授安全知识和安全理念；只有先保护好自己，才能更好地爱护家人，才能更好地保护学生，才能更好地服务社会。

亲，遇见你是我这辈子最大的幸福。回首我们携手走过的这十年，有欢笑，有泪水，有付出，亦有收获。在今后的岁月里，我将与你携手前行，共保平安，珍爱生命，用安全尽爱心，用安全尽孝道，用安全报答社会。

愿我们一起且行且珍惜。

祝你永远平安，永远快乐，永远漂亮！

深情爱着你的老公

（高航，国网十堰供电公司）

回音壁

我会更加理解你、心疼你

亲爱的老公：

来信获悉！我简直不敢置信，仿佛做梦一般沉浸在惊喜和幸福之中！

回想起我们恋爱时，我是多么盼望我的心上人能为我写一封情书呀，而你老说，都信息化年代了，情书是过去式，多古老呀。不如现在的电话和微信，能快、准、狠地俘获“目标”，又好又实在。而今，在我们结婚十周年之际，你用这种古老又浪漫的方式，发起特别的倡议和关爱，不仅圆了我的少女情书梦，更荡起了我们爱情的双桨。谢谢你，亲爱的老公！

你说的没错。我们能有今天幸福的小家和各自的成就，离不开我们相互支持、关心和夫妻恩爱。这个家需要你我共同坚守和经营，而平平安安是保障家人幸福快乐的基石。我会保护好自己的，谢谢你一直关心我、呵护我，我感到我是这个世界最幸福的女人。

这些年我深知，自从你担任要职尤其是主管生产安全工作后，你肩上的责任和担子更重了，这是上级对你的信任，也是员工对你的期待。如今你是“国网人”，你的岗位履职着企业的使命和社会的责任。作为你的爱妻，真诚希望你努力工作，一丝不苟地全力抓好安全生产管理工作，为你们的“三型两网、世界一流”能源互联网企业建设营造一个安全稳定的发展环境，绝不要辜负党和人民交给你的重托。我的安全你尽可放心，我要和你一起加油，你的妻子永远理解你、支持你、心疼你！

亲爱的老公，自从嫁给你，与你朝夕相处，我也学到了很多安全知识，改变了我的安全观，树牢了我的意识观。我懂得，只有珍爱和保护好自己，才能更好地爱护孩子和家人，更好地孝敬父母，更好地投入到教书育人中去。

亲爱的，你是咱们家的顶梁柱，你也要时刻注意自己的人身安全，我期盼你高高兴兴上班，平平安安下班。只有你好，我才好，家才更好！愿我们一起努力同行，共筑平安！

就此搁笔，望切切保重！最后祝你工作顺利！事事平安！

深爱你的妻子

我的责任　你的牵挂

熊波涛

亲爱的夫人：

每次收到你的来信，免不了提示注意安全、注意身体。尤其是注意安全，从字里行间看得出你对我的期待与关心，也理解你对我们电力企业职工的深深惦念。

是的，我们电力企业是高危行业，安全隐患大，这是人所共知的，但是请老婆放心，我很安全。从红安到英山，虽然地理位置变了，但是这里的同事与职工也都非常注重安全管理，把安全摆到议事日程、当作头等大事，本着对企业、对职工、对社会高度负责的责任感，全面加强安全管理，使公司安全工作呈现出良好平稳的态势，为公司生产经营起到了保驾护航的作用。随着科学管理的发展，安全管理的科学化、制度化、法制化也不断深入。以人为本的安全管理在我矿形成了强大的氛围，安全思想的教育，安全形势的宣传，安全技能的培训，安全文化的根植，无不彰显出各级领导对安全管理的重视。公司每季度都会召开安委会，并时常开展安规测试与各项安全活动。在任何会议首先强调的就是安全，每一个月的安全生产调度会，总结部署的重点也是安全管理，工区、各单位每周一的安全生产活动，总是强调各级领导履行的第一职责就是安全管理。搞安全，不仅要求管理人员下沉基层抓现场，还要靠广大职工积极参与。只有广大职工安全意识增强了，安全思想转变了，安全技能提高了，才能确保企业安全生产经营的顺利实现。

安全二字，每个人都不陌生，对于我们国家电网公司这个责任央企，更是如此。我们是联系千家万户的能源基础产业，一旦安全出了事，不仅影响个人、企业，还关系到社会和用户安全用电。

从事电力工作三十来年，每次学习安全事故文件，便深感痛心。每一次警钟笛鸣，都是一个饱含血泪辛酸的事故。多少事故已向人们表明，除了客观的设备事故和自然灾害，每一起事故的责任都起源于人们的安全意识淡薄，自我防范意识差。而更有甚者，明知山有虎，偏向虎山行，搞违章作业，最终导致“一失足成千古恨的悲剧”。惨痛的教训无不向人们昭示着安全的重要性。今天我们在构建和谐企业的征程中，人人都向往幸福安康，安全和我们幸福家庭、和谐社会有着紧密的联系，没了安全，何言和谐？更何谈幸福？

经常回荡在我耳边的一句话，就是当年刚刚参加工作时我的师傅说的：“安全管理，是一项精细的管理，99 件事情做好了，只要一件事情做不好，最后前功尽弃，这就是 100−1=0，甚至是负数。”可见安全问题是绝对不能触及的红线。

总之，安全二字我们都不陌生，关键是用心去领会，用心去做。我们热爱生命，所以关注安全，我们渴望幸福，所以珍惜安全。遵章守纪，重视施工作业安全，重视生产作业安全，是我们每一个电力员工应尽的义务，也是每个公民的责任。

此致。

爱你的老公

（熊波涛，国网黄冈供电公司）

回音壁

我会默默为你祈祷

亲爱的老公：

185 公里的空间距离，阻碍了我每天回家便能看到你的身影，却挡不住我对你的惦念。我深知，人生在世，都得肩负责任。可每当看到电视、报纸上有关电力的报道时，我心中的担忧就会油然而生。

老公，我们每天都各自忙碌在自己的工作岗位上。你们电力是高危行业，工作环境有许多不安全因素，你现在作为一名分管安全的领导，每天更是担心着一整个公司的人员安全，心理压力更是沉重。

“既然我成为一名安全领导，也就做好了流汗流泪的准备，就要能够承受艰辛与委屈”，这是你去年启程到英山前说过的话。我理解你说这些话的含义。你知不知道，对于每位电力职工家属来说，安全同样也连着我们每个家属的心。“高高兴兴上班，平平安安回家”这句话看起来很平淡，却是我们每位家属的心声。我真诚地希望你在工作中紧绷安全这根弦，时时讲安全，处处讲安全。我深知你的个性，干任何工作都很有责任心、很细心、很敬业，以往你总是踏露而出、戴月而归。老公，希望你在日常工作中定要注意安全，保重身体，千万不能麻痹大意，特别是在安全检查工作中，要有安全防范意识，都说平安是福，你平平安安是我和儿子共同的祈求呀！你一定要按照国家的安全法规、法令、条例和你们单位制定的相关安全制度措施，要求自己和公司的每一名职工，在保障电力安全生产的同时，也要切实保护好自身安全。

老公，你到英山工作已将近两年。两年里的每一个工作日，你的安全都是我和全家人的牵挂。每次在视频里看到你熟悉的脸庞，我总是默默地祈祷，平安地去、平安地回。这是我心中对你最大的期盼。

爱你的老婆

异国他乡，割舍不下对你们的思念

贾庆岩

楚：

2019 年 8 月 6 日，农历七月初六，七夕前夜。忙碌了一天的现场工作，伴随着窗外凉爽的海风，我静坐在书桌前，给你写这一封家书。

自今年 2 月来印度尼西亚参加中国首台出口百万级机组调试工程至今，已有 171 天，也是你怀孕的第 239 天。今天晚上，突然觉得时间好长，距离好远，真的很想你。

受单位的信任委派，我选择在你怀孕的时候远赴万里之外。你纵有千般不舍，依旧含笑地说了一声“去吧，家里有我，孩子会很好。你若平安，便是安好”，笑语间却见你强忍的泪水在眼眶里打转。

有了你和家人的理解支持和努力付出，才有了我现场一线专业工作和安全管理全身心的投入。为了确保项目部全员的人身安全，更不辜负所有亲人们的期盼，项目部始终坚持着“安全第一、生命至上”的工作原则。安全管理上，我们培育大家的安全行为习惯，提升人员安全素养，让关心安全、保证安全成为全体员工的自觉意识和行为准则；不同专业工种间加强安全技术交流和学习，通过专业互学，共同提高，使大家认清专业安全技术措施和专业间的相互关联和配合，提高大家全局意识，做到“安全重担众人挑”；安全工作中，我们重点开展调试项目安全形势分析，提出安全工作要点，有效控制和减少安全风险和不力环境因素。有了这些现场措施和安全保障，我们实现了现场作业安全可控、能控、在控，保障了现场调试和试验过程中的人身、设备安全。

楚，看到这些，你是不是可以放心我现场的工作和安全了。其实，最让我放心不下的是你，随着孕期月份的增加，肚中小宝宝快速的成长给你身体和生理上带来了较大的影响，我不能在你身边陪伴，你自己要格外小心，要按时产检，保持规律的作息和愉快的心情。

亲爱的，请放心，我一定会保护好自己，平平安安胜利凯旋，因为家里有我的牵挂。感谢人生路上有你陪伴，更期待我们即将出生的宝宝快乐地降生在这个精彩的世界。

永远爱你的老公

（贾庆岩，国网湖北电科院）

回音壁

我支持你，我们的“小希望”也会理解你

亲爱的老公：

今天，七月初七，中国古老的情人节，对于我来说，收到的这封家书，是一份非常特别和珍贵的礼物。

结婚几年，我们在各自的岗位上进取拼搏，尽心尽力做好本职工作。特别是你，身处一线，无论专业还是管理，你都一丝不苟，十二分的认真。有些时候，我会忍不住挖苦你，“这几年里你都成功错过了我们婚姻中的每一个纪念日”，但每每感受到你在工作中那份韧劲和坚持，都会让我由衷的钦佩和理解。

这一年的国外工作，你肩负着责任和使命。同时我也想对你说，你不仅是单位的中坚力量，更是家庭的主要支撑。一线工作，安全第一，你要注意身体，

要懂得照顾自己，不要给自己太大压力。对我和我们即将出生的宝宝，更不要有愧疚和遗憾的心理。我支持你，相信我们的“小希望”也会百分之一百地理解你。还有，告诉你一个好消息，小家伙现在每天都很活跃，宝宝胎检显示，他非常健康，是个“大头”，医生说将来一定是个聪明的宝宝。

亲爱的老公，七夕，虽然无法与你相约，但有爱和宝宝陪伴，共同守护着我们创造的幸福和小美好。

依旧是那句嘱托，千里之外，你若平安，便是安好。

爱你的楚

平安就是幸福

李代晶

艳霞：

中秋假期已过，厂区内的桂花在细雨中悄然绽放，散发着清幽的香气。闻着桂花香，这种丝丝入脑的味道让我想起你，和你一起聊聊安全这个“古老”的话题。

“啰嗦”是做好安全工作的基本手段。“安全无小事，小事误大事。”安全工作事无巨细，就算集体企业也不例外。和同事一起干活的时候，或多或少都有马虎大意的时刻，对一起常年工作甚至会伴随到我们共同退休的同事们，要像兄弟姊妹一样相互关照、相互提醒，尤其是看见了不安全的现象，应该立即提醒或制止，毕竟大家都扮演着儿子、父亲、丈夫的角色，都是家庭里不可或缺的一员，不能出现“亲人两行泪，事后诸葛亮”的现象。话虽然说得严重了，可事实确实如此，还是哪句老话：“宁愿听到骂声，不愿听到哭声”。啰嗦的过程是一个漫长的坚持过程，只有养成不怕麻烦的啰嗦习惯，才能及时避免各种差错。

坚持学习是做好安全工作的基本保障。各项制度规章是安身立命的法宝，该干啥，不该干啥，制度规章里都列举得十分详细了，只用好好执行就行，关键是要知晓，不能脑门一热逞英雄。蛮干冲动是魔鬼，盲目的操作往往会造成大患，所以不懂就问，不会就问，我觉得不丢人。好好学习业务技术和规定制度是对自己、对家人、对单位负责的态度。督促我好好学习的任务还要让你费心了，做学习型的家庭对娃子也是有益无害的，你说呢？

冷静是做好安全工作的基本习惯。记得有个同事曾经说过一个我们发生过的“三拍”现象：遇到工作时，一拍胸脯说我会；作业中一拍脑袋说忘了；事后一拍大腿说“哎呀”！这就是冲动、不冷静的表现，我就经常犯。老话说：被淹死的往往都是会水的！话糙理不糙，对安全工作还是要抱有敬畏之心，想好了、防护措施到位了再做事，避免冲动带来的惩罚。冷静从容、有条不紊是工作生活的好习惯，你也要在日常生活中多提醒我。

在这个桂花飘香的秋雨时节，说一些对本职安全工作的一些看法，望互相共勉。

大嘴

（李代晶，国网湖北黄龙滩电厂）

回音壁

安全作业就是爱我的证明

李大嘴：

我从“企讯”上收到了你发过来的“安全情书”。仔细看了，看出了一个四十刚过却已头发花白的“中年老头”对安全生产的认识。安全需要你我在工作中，用永不间断的行动，去继续思考，认真体会，持续做好。

说起安全，我曾经有两次刻骨铭心的体会没有告诉你，现在“坦白”道来。

第一件事儿：2007 年厂里的枣 55、枣 66 线路改造工程。那会儿，你还在当时的电工班吧，跟志平、金军等几个兄弟一起忙乎着线路改造的工作。那项工作，在当时可不能算小事！巡山访路在现场，两个山头来回跑，加班加点都是常事。这些也算不了啥，虽然辛苦吧，可 12 年前的你正是三十出头，出点力气没什么。最让我担心的是，现场改造的安全问题，那些线路上面带的都是看不见、摸不着的电啊！当时，我正休产假在家，每天带着孩子。虽然也有些小辛苦，可是，最让我害怕、最让我揪心的事，是你在改造现场的分分秒秒。从你每天早上出门上班，到加班回家，我一颗悬着的心才能够放下。要知道，作为丈夫、儿子与父亲，你可是家里的天啊，只有你顶着天，我们才能在这片天空下幸福地生活。

值得庆幸的是，你们每个人都心中牢记安全，严格规范落实现场管理要求，顺利地完成了这次改造工作。整整 61 天，我悬着的心才放下。

工程改造结束后，你也和我聊了在工作中存在的问题与不足，你曾告诉我："只有扎扎实实地把每一项工作想好、执行好，不折不扣地对待安全生产的每一件小事，才能确保工作顺利安全地完成。"这句话，我至今都记得。

第二件事儿：你在生产区触电了。那是 11 年前发生的事情了。有一天晚饭后，你若有所思的样子，让我觉得有点不正常。问你原因，你开始没说，后来才告诉我，说你在廊道吊顶里检修线路时触电了！我吓了一跳，作为电力职工，检修线路竟然会触电！后来，你才慢慢地告诉我详细经过，当时本来都做好了停电准备，一切都就绪了，可是当时你思想不集中，没有仔细检查停电范围，犯了最低级的错误，给了自己一个深刻的教训。我当时除了安慰你，也严厉地数落了你。干任何工作，不论大小，可都要小心啊！

值得欣慰的是，经历了这件事后，你对待工作的态度越来越认真了。这些年，随着年龄的增大，越来越小心谨慎，用你自己的话说是"胆子越来越小了！"是啊，对待安全，永远需要一颗一直敬畏的心，要如履薄冰、如坐针毡。

李大嘴，幸福生活永远是一家人共同的努力，是一家人共同的目标。就像我们拍给朋友们的中秋祝福视频一样：嘿，朋友，希望你好，希望你快乐……在安全生产面前，我们的祝福也会一直不变：嘿，朋友，希望你幸福，希望你平安……

艳霞

安全佑护我们的幸福生活

赵　建

亲爱的老婆：

在这金秋时节，我们迎来了国庆七十周年，也迎来了我们结婚七周年的纪念日。身在远方的我寄上这封安全家书，来表达我的思念和牵挂。

与你相遇、相识到今天，我们度过了七年的快乐时光。尤其是女儿的降生，更让我们这个家充满了欢声笑语。每次翻阅女儿的成长日志，我总会沉醉在那些场景里，内心被一种幸福填满……这些点点滴滴的幸福感，我想少不了“安全”两字，是安全缔造了生活的欢畅，是安全赐予了我们幸福的生活。

人们常说“安全是条绳，牵着千万人；安全是根线，连着亲人念”。每当我出门上班，你总少不了提醒我路上注意安全，大巴车上要系上安全带。虽然是简短的叮嘱，却承载了你对我以及我们这个家庭的热爱与珍惜。

说到“安全”二字，作为一名安全管理人员，我深深地知道安全的重要性，特别是每次安全教育课上，看到那些因安全意识淡薄、麻痹大意而酿成悲剧的案例，深深地敲打着我的心灵。漠视安全，失去的不仅是幸福的时光，甚至宝贵的生命也会飘逝。

记得在通往单位的公路上，有一处刚修好的十字路口。我在那儿目睹了一起交通事故：一位老人驾驶一辆三轮车，飞快地行驶，差点撞着路边的行人。旁边的路人劝他喝了酒就不要驾驶车辆，可他不听劝，继续开飞车，脸上不时露出得意而急促的神情。我想这位老大爷可能是有什么急事吧！要不然他不会开得这么快，他这样很有可能会发生交通事故的。果然不出所料，在那个新修的十字路口与一辆大货车相撞，连人带车一起飞了出去……旁边的围观者议论纷纷："唉！如果他开慢点，如果他不喝酒，如果……"这些生活中的案例，时刻提醒着我，平安是福，安全无小事。

"安全第一，预防为主"是我们单位的工作方针，在大小会上，我们单位领导首先都会强调安全，安全高于一切、重于一切、先于一切。因此我们部门在安全管理工作中，始终如一地坚持每月进行安全隐患大排查，对存在的安全隐患列出清单，上报并加以整改，将事故隐患消灭在萌芽状态。每月开展安全知识培训教育，有效提升了全员的安全意识和安全防范意识。隐患险于明火，防范胜于救灾，责任重于泰山，这是我和同事们每天上班时都恪守的信条。

亲爱的老婆，我会带着你的嘱托与牵挂，开心上班，平安回家，健康生活。为了我们幸福美满的家，我要安全，也必须安全。让我们拉着安全的手，共创美好生活。

赵建

（赵建，国网京山疗养中心）

回音壁

安全的深层含义是爱

亲爱的老公：

最近你们单位开展了写"安全家书"的活动。对于你们单位开展的这项活动我非常赞同和支持。

也借这次机会想告诉你，“安全”对我来说有着它的另一层含义，那就是爱。你是咱们这个家的主心骨、顶梁柱，所以每次出门都希望你平平安安，下班能高高兴兴地回来，这也是我每次不厌其烦地叮嘱你“一定要注意安全”的特殊含义。虽然你稳重、细心的性格足以让我放下过分的担心，但是万事毁于自满、疏于大意。虽然我不太懂你工作中具体要注意些什么，但我坚信只要严格遵守安全操作规程肯定没错！

现在看着咱们的女儿一天天幸福的长大，我更加理解到“家”的含义，也更珍惜现在所拥有的一切。要知道你和女儿是我一生最宝贵的财富，所以我要对你说：你的平安就是我们最大的幸福。钱少一点，生活苦一点没关系，健康、平安才是最重要的。

祝：工作顺利，万事如意！

爱你的妻子：熊龙梅

高原上的思念你收到了吗？

贺　攀

亲爱的老婆：

家中可一切安好？到现在，我还记得你当初依依不舍的眼神，记得女儿一直拉着你不肯放开的小手，记得临行前父母对我的千叮万嘱。“一定要在那边注意安全、保重身体，平平安安地回来……”，这些话，我无时无刻都记在心中，不管是在外工作还是平时生活，都时刻牢记这份重重的嘱咐。

转眼间，11 个月过去了，在西藏的工作生活让我完全融入这片神圣的土地，投入的工作使我疏忽了平时对家人的关心。每当在端午节、中秋节之时，内心满怀着浓浓的思家之情，此时此刻的我无法与家人团圆，心中充满愧疚。请原谅我没有尽到一个丈夫应尽的责任，没有给到一个父亲应有的父爱，没有尽到一个儿子应尽的孝道。女儿如今已经上小学一年级了，在她步入小学开启人生新阶段的第一天，我无法陪同；在她第一次参加钢琴比赛的那一天，我没能参加；在她晚上生病去医院的那一天，我不在身边。对于你们的亏欠，我唯有平安回家，才能在今后的日子里慢慢补偿。

写到这里，想起去年进藏不久，那时已是入冬，凛冽的寒风、厚厚的积雪、极度的缺氧都是我以前从未有的经历。3980 米高海拔环境带来的头痛、胸闷、呼吸困难，一次又一次地冲击着自己，持续的彻夜未眠折磨着自己，但是我不能认输。因为身体不是我一个人的，而是属于全家人的，我不能垮，不能有事。恪守平安回家这一承诺，我唯有不断调整适应：降低食量，午间休息，主动防风防寒来慢慢适应冬天高原环境。最终历经 20 多天，虽然身体仍有不适，但总算是缓过来了。

今年西藏进入汛期以来，我给家里的电话、与你们的视频连线逐渐少了。

因为时常有雷雨，抢修量猛增，我所在的公司运检人手严重不足。虽然我在这边不负责安全生产工作，但是考虑到抢修工作安全性，作为干生产出身的我，还是主动到现场检查安全技术措施，叮嘱他们注意人身安全、交通安全，确保平平安安带他们回家。

这段时间，我一切安好，告诉我父母，请他们放心。再过 7 个月，援藏工作就结束了。我不在的日子里，照顾父母、小孩的重担都压在你身上。我知道，家里琐碎烦心的事很多，但你从来不和我抱怨，自己都想办法解决了。

老婆辛苦了，你也要好好保重身体，不要太劳累，注意休息，等我回来。

你的老公：贺攀

（贺攀，国网黄石供电公司）

回音壁

我们全家等你援藏平安归来

亲爱的老公：

信已收到，家中一切安好。

在得知你那边艰苦的条件后，我们都很担心你的身体。平时一定要照顾好自己的身体，吃饭不能太马虎，尽量少在外面吃饭；有时间自己在家多做饭，周末买点骨头炖汤，好好补补。我知道你有晚睡的习惯，在那边越晚氧气越稀薄，睡觉越难受，还是要强迫自己晚上尽量早睡，不要熬夜，实在不舒服就要吸氧，不能硬扛着，有什么不适要及时去医院。听说那边当地人喝酒比较厉害，有时候喝酒难免，但还是要注意分寸，尽量少喝，不要喝醉。喝醉对身体伤害很大，容易“高反”加重。

前段时间，你跟家里联系少了，后来得知是天气不太好，抢修增多，人手也不够，安全压力很大。你除了要负责烦琐的综合工作外，周末加班还要经常跟他们一起外出抢修。吃饭肯定也不习惯，在那边工作肯定难度更大，特别是

还要走长时间的山路。外出工作，你一定要注意安全，工作不要急，要多提醒，和同事之间要相互照应，有困难要互相帮助。听说曲松那边下雨天山体滑坡比较严重，出去一定要提醒司机注意路况，夜间不要去容易滑坡路段，多和家里人报平安。

家里的事情，你放心，父母、女儿我会照顾好的。妈妈身体不太好，平时不忙的时候，在家我都会帮妈妈做家务，尽量给妈妈减轻负担。女儿上小学一年级了，也是大孩子了，现在她学的东西比较多。周末放假我也没时间带她出去玩，她也很懂事，知道你不在，很理解父母，在家平时还主动帮助我们收拾东西，在学校表现很不错，还当上了数学科代表。还有几个月援藏就要结束了，这几个月一定照顾好自己。特别是马上又要进入寒冷天了，平时注意保暖，多穿点，有什么东西需要我们寄过去。希望一切平安，我们全家都等着你回来。

你的老婆：陈桦

感谢上天将你带到我身边

赵 琦

亲爱的老婆：

从相识到生孩子以来，给你提笔写信这是第一次。握着生疏的笔杆，忍不住思绪万千。现在通信这么发达，本来一个微笑或者一个电话便可拉近我们的距离，但总觉得缺少那一丝家人间的感动。今天，借着我们公司组织的“安全家书”活动，提笔写信给你，将对你和儿子的思念付诸笔端。

提笔的瞬间，我想起了婚前我为我们写下的对联：“十年相恋不改初衷至今心依旧，七载同窗携手未来百年共相随。”如今，我们已经携手走过 11 个春秋，我由衷地感恩，感恩上天将你带到我身边，感恩遇见你，感恩你平安生下我们的儿子，感恩能让我用笔书写此时的心情。

人们常说：“安全是条绳，牵着千万人；安全是根线，连着亲人念”。每当上班，就会想起你的叮嘱以及安全学习时的触动。记得第一次在现场爬塔，塔高 90 多米，我拖着厚重的安全带、延长绳、攀登自锁器花了半个小时才到达指定位置，在塔上待了近 7 个小时。在这 7 个小时中，脑子里都是以前和你在一起的点点滴滴，辞职的念头也无数次浮现。但恩施 3 月的寒风让我时刻保持着清醒，我需要踏踏实实踏上每一个脚钉，需要安安全全跨过每一块角钢，只有这样才能安全回去，给你一个完整的家。

你常常对我说，工作中一定要注意安全，保护好自己，保护好同事；不伤害他人，也不要被他人伤害。我知道，每当因为一些大大小小的事需要加班或者上夜班的时候，你就为我悬着一颗心。我也深知我的安全维系着家庭幸福，在我们的家庭中，有远在他乡挂念着我的父母，他们日日盼着我们健康快乐幸福；在眼前有天天挂念着我的冷热安危的你和岳母，当然还有一个刚刚呱呱落地的幼小的生命正等待着我抚育。

你常说我这种施工单位，工程项目大多是高难度、高风险，容易“一失足成千古恨”。其实我想说，虽然我们这些工程存在的危险因素很多，但我们单位的每一名员工从上岗的第一天起，就开始接受安全教育培训，掌握正确的操作规程，提升全员的安全意识。另外针对各地发生的安全事故，我们不仅学习经验教训，更反思我们在工作中安全管理、设备管理、制度管理上是否存在不足。针对施工现场，我们是否将安全隐患消灭在萌芽之中。我们在反思中成长，在反思中把安全隐患降低到最低状态。

另外我们建立起了完善的安全生产管理体系，先后制定和完善了安全生产管理制度、操作规程、编制应急救预案，将安全工作目标层层分解，建立横到边、纵到底的安全责任体系，明确了各级、各部门、各岗位安全生产责任，一级抓一级，层层抓落实，筑牢安全生产警戒线。

你说，通过我说的这些，是不是觉得你口中的高危行业也可以变得很安全？你要相信我，我会用实际行动保证自己的安全，也会用实际行动关爱他人安全，敬畏安全规律，牢固树立安全第一的思想观念，把不安全的隐患拒于千里之外。

我的平安就是家庭的平安。请你放心，往后余生，无论工作与生活，我都会把安全放首位，会在工作中时刻保持警惕，绷紧“安全”这根弦。同样我也希望你把安全放在第一位。

爱你的老公

（赵琦，国网湖北送变电公司）

回音壁

守护好幸福的港湾

亲爱的老公：

我知道你的工作很忙，生产任务有多重。你长年在外，让我不免为你的安全担忧。

老公，安全这个警钟需要时刻鸣敲，在拼搏奋战的时候更是要紧紧绷住安全生产这根弦。虽然，我知道你们安全措施做得到位，知道公司在安全上投入很多。但是，我还是要提醒你每时每刻提醒自己和你的同事，增强安全意识，落实好安全责任，杜绝人员不安全行为和习惯性违章。因为，他们的平安也是你的平安，更是无数个家庭的平安！

都说平安是福，平平安安是我们共同的祈求呀。每当报纸上和电视上有安全事故的报道，我的第一意识就是通报给你，让你防患于未然。

老公，记住，家里不用你牵挂。有我，我们的家始终是你、是我、是我们的幸福港湾，我会让家时时温暖，不会成为你的后顾之忧。家里不需要什么，只要你平平安安，就是给我们家最大的保障。

老公，祝你健康、快乐！

爱你的老婆

停不下对你的歉疚与想念

陈　博

亲爱的琳琳：

你好！

这是我第一次用书信的形式给你报平安。近日，公司组织“安全家书”活动，我才发现虽然我们每天都会通电话、发视频，每天都会告诉你一切平安，但是有许多话也许不能用语言来表达，只能写下来让你心安。

亲爱的，我向你保证，无论在什么地方、什么时间、做什么事情，我都一定会把安全放在第一位，让自己能够平平安安回家。

对不起！让你担心了。你经常会把网上的各种事故分享给我，告诫着我上班的时候一定要小心，注意安全。一开始我总是不以为然，觉得这些事故都是极少数的，根本不用担心，对你的回复也很敷衍。我想我不以为然的回答一定让你在无数个夜晚无法安心入眠吧，这里自责一下。

记得刚来站里，那时路面还都是黄土，设备也才刚刚运到，施工单位正在如火如荼地忙碌着。而我就像一个看到新玩具的小朋友一样，对一切都充满了好奇，看到什么都想上去摸摸。一次，胡师傅和徐师傅正在搬运电缆槽盒，只听“哎哟”一声，胡师傅没有拿稳槽盒，槽盒从胡师傅手臂上滑落，当时手臂就血流如注。徐师傅立马按住胡师傅的伤口，在同事们的搀扶下被迅速送往医院。看着胡师傅受伤的背影，我在想这是如何发生的呢？搬运时他戴着手套、穿着厚厚的长袖工作服，要求做到的防护措施都做到了，那到底为什么他还是受伤了呢？原来，这是他今天搬运的最后一批槽盒了，他想着快点完成工作，而放松了警惕之心。从那以后，每次出入现场我都会时刻注意自己的行为。注意安全不是口头上的语言，而是内心深处的警示。经过医院的包扎，胡师傅没有什么大碍，经过几天休息后又活跃在施工现场。但是，每当看到他手上的那道伤痕，就想起了你对我的嘱咐，我多想告诉你：“对不起，让你担心了，我一定会注意安全。”

每个月我们公司都会组织“安全生产月”，每周都有安全学习活动。公司上至领导、下至一线职工，都在认真落实“安全第一、预防为主、综合治理”的方针，传播安全知识、弘扬安全文化，培养“安全有我有你有他，安全为我为你为他，安全靠我靠你靠他”的安全理念。每次安全稽查汇报中的内容，我都会认真学习。

注意安全，首先就是要做好预防，杜绝一切安全隐患。针对汇报中的内容，我也会反省我们站里是否也有此类问题，不漏过一丝细节。安全之事无小事，任何“小隐患”“小漏洞”，如果与安全有关就都是“大隐患”“大漏洞”。任何事故都是从小问题发展成大问题的。现在，安全思想、安全意识和安全责任早已印入我的脑海，“安全第一，生命至上”的安全价值观早已深入每个员工的内心。所以请你放心，我一定会时刻把安全生产放在首位。

亲爱的琳琳，去山东培训两个月刚回来，陪你不足 30 小时，我又坐上了去单位上班的班车。“家是最小国，国是千万家”，为了万家灯火，让你委屈了。

今天正值新中国七十华诞，我们只能相隔几百公里共同庆祝。“你用电，我用心”，我会严守规章制度，用心防范安全隐患，用心守护千万家的光明。而今，我最大的心愿是我们俩都能平平安安，相聚的每一天都能快快乐乐！不论我在不在你的身边，你都要好好吃饭，认真工作，保重身体，注意安全。我爱你！

陈博

（陈博，国网湖北检修公司）

回音壁

你的安全就是我的幸福

亲爱的博：

中秋刚过，又迎来了国庆节。在这个举国欢庆的日子里，你在站里上班，辛苦啦！任何节日的祝福都比不上你的安全健康来得重要，所以给你回这封信，也是要再次提醒你，在平时的操作中注意安全，牢固树立安全第一的观念。

收到你的信感慨万千，好像我们昨天还是学校里的学生，今天就已经是踏入社会的上班族了。你上班已经一年多，每次送你去站里上班，总会再三叮嘱你要注意安全，遵守操作规则。在电站里，安全就是一盏明灯，时刻伴随着你。你熟记这些安全制度，我才能放心。在安全这个问题上一定不要掉以轻心，安全是个无形的东西，虽然看不到、摸不着，但是它就好像氧气，无时无刻围绕在你身边。

记得去年在报纸上看到一则重大煤矿安全事故，那天我非常害怕。想到你在电站上班，危险程度不亚于煤矿，我就怀着忐忑的心情给你打了电话，你告诉我别想太多，你很安全。但是那则新闻给我留下很深的烙印。安全知识的贫乏、安全意识的浅薄，总能让我们看到一幕幕悲剧。你一定要从中吸取教训，保持良好的自我保护习惯，把追求安全作为最强烈的意识。因为生命对于每个人来说只有一次，是短暂并且弥足珍贵的，所以一定要把安全放在首位，珍惜自己的生命。

千言万语汇成一句话，你的安全就是我的幸福！“家是最小国，国是千万家”，在这样举国欢庆的日子里，为了千万家光明，你辛苦了！“你用电，我用心”，你一定用心严守规章制度，用心警示安全隐患，用心守护千万家的光明。

我最大的心愿也是我们两人都能平平安安，相聚的每一天都是快快乐乐的！你放心，在你上班的日子里，我一定认真工作，你也要保重身体，注意安全。我也爱你！

张琳瑶

做护士的你也要注意安全“生产”

李胜勇

丽：

写这封信，我几次提笔，又几次放下。同事们调侃地说，多情的我一定能把这封家书写成含情脉脉的情书，实际情况是我没写过家书和情书。（尴尬而不失礼貌的笑……）

因为工作性质，我俩都是每天早出晚归，每 2 周才有 1 天半的休息日重叠。我想，你对医院产床上的准妈妈们说的话，比我们之间的话要多得多吧。既然如此，在这样一个夜晚，让自己在喧嚣浮躁中沉静下来，给安全“生产”第一线的你写一封家书，别有一番滋味在心头，何乐而不为呢！

护士，是一个亲切的名字。也许我们不曾看清眼前被口罩遮住的那张脸，但能感受到那颗认真服务的心。南丁格尔说过：“护士其实就是没有翅膀的天使，是真善美的化身。”作为助产士，你是迎接家庭希望的“第一把手”，你是孩子们踏入人世间见到的第一张面孔。在他们心中，你清澈的眼神透出温暖慈爱的光，你就是人世间最美的天使，没有之一。（温情而透着光芒的笑……）

产科可不像医院其他科室，是迎接新希望的地方。孩子是一家人甚至是几家人的未来，是“传家宝”，安全“生产”容不得半点闪失。但伴随着环境污染、高龄产妇等问题的出现，殷切的希望往往蕴含着巨大的风险和心理落差，临床难产、产后抑郁等未知风险不期而遇，这就需要你严格执行医嘱、卫生、护理制度，时刻绷紧安全弦，特别在难产分娩和给新生儿洗澡时，必须拿出高度的责任心，要比对待自己孩子还要过细、谨小慎微。在与生命的拉锯战中，你总是胜利者，呵护娇嫩的生命来到人世，给予初来人世间的精灵最美的微笑，诠释着“安全第一、生命至上”的真谛。（表情坚定的笑……）

面对“医闹”，面对孩子的不理解，面对忙碌繁重的工作，你从来没有后悔选择这个职业。其实我更想对你说，我从来不后悔选择你，不后悔选择这个职业的你！

希望你贵以德、精于专，全心服务安全“生产”，不辱使命。爱小家、护大家、保国家。

勇

（李胜勇，国网湖北黄龙滩电厂）

回音壁

这也是一种担当与责任

勇：

你的信我已收到。

感谢你这么理解我，陪伴我这么多年，同甘共苦，相濡以沫。

我的工作性质你是知道的，工作时间长，起早贪黑不说，产科相对于医院其他科室，安全“生产”的责任更是大于天，容不得一丝马虎，必须时刻谨小慎微。看着产妇家人期盼的目光，你就知道我的担子多重，新生命的完美“出品”，就是对我付出的最大褒奖。

其实，我们俩的工作单位都是全国文明单位，都秉承着“安全第一、生命至上”的理念。你们视安全为生命线，就如你们发电厂房那几个大字是一样的“如坐针毡，如履薄冰，如临大敌”。因为工作上的付出，回到家后带给你们的不是一声问候，不是一顿可口的饭菜，不是书桌前的陪伴，只有我疲惫的身体。我时常从你在家中闲谈中，了解到那些坚守山区、为了万家灯火默默值守的电力工人的事迹，我瞬间也有自豪感。我们对家庭有亏欠，但是对社会有回报，这何尝不是一种担当与责任。

我希望你继续做一名有担当的电力员工，并把这种担当与责任传承到孩子的教育、家风的塑造上，让他们也成为一个对社会有用的人。

丽

小女快不记得爸爸的样子了吧

余嘉澍

霞子：

今天好不容易收了个早工，吃完饭、开完今天的总结会，已经晚上 8 点多钟。虽然现在不流行写信了，但心里就想拿着纸和笔给你说几句心里话，有时候当着面，很多话反而说不出来。

这个时候应该是你在家最忙碌的时刻了吧——做完晚饭，还来不及收拾，就要教儿子的作业了；小妞妞肯定也粘着你“吵瞌睡”了吧。此刻，我可以在脑海里想象出你和孩子们的画面：豆哥不情愿地坐在课桌前，妹妹揉着眼睛在你怀里哭，你肯定是抱着女儿站在豆哥的旁边，一边摇着女儿入睡一边耐着性子教儿子功课吧。一会给孩子洗完澡，哄睡了，估计就要十点钟了。那时候你还得洗孩子们的脏衣服，收拾家里的乱摊子。等你睡觉估计最快也 11 点左右了。7 个小时后，天亮了你也要和我一样早起。我带着队伍上山立铁塔，你在厨房给孩子们做早餐、送他们去学校……呵呵，真是辛苦你了！

我们 220 千伏金盛兰工程建设已经到最后的阶段，这段时间是关键。我可能没什么时间回来陪你们了，你坚持一下，等项目投产送电了，我一定早点回来帮你分担家务。到时候你好好休息，把孩子们都交给我带，不然我担心他们都跟我生疏了。也是，几个月没回来，妹妹那么小肯定都快不记得爸爸的样子了吧。我拍了张照片，随信给你寄过来，没事多给孩子看看，千万别忘了我这个坏爸爸。呵呵……

妈妈身体不好，你平日里多打些电话，周末多去家里走走，把孩子们都带去。老人啊不图你给个啥，就是娃娃们都来了，看上一眼就够她乐开花的。你留意一下妈妈那里需要些啥，告诉我，我抽空在网上买好了给她寄过去。家里生活费不够了，你就在柜子里拿钱，怕你没空去银行，走的时候我放了些现金。

明天上级单位要来检查，我一会还要去安排其他的工作，写到这里就搁笔了吧。

孩子们太小，妈妈身体也不好，家里辛苦你了。也谢谢你支持我的工作，我不会辜负你的期望，争取把每个我经手的工地都做成优质亮点工程。

嘉澍

（余嘉澍，国网咸宁供电公司）

回音壁

他们的脸上有和你一样的神情

嘉澍：

你的信我看到了，谢谢你在忙碌的工作中还记得我和孩子！请问你是不是在家里装监控器了，不然你脑海里的画面怎么像极了我现实生活的写照？

每天我最怕的就是下班回家后的那几个小时，小的哭，大的闹，锅里菜在烧。真的是无数次地控制着自己随时要爆炸的情绪。但是看到孩子可爱的脸蛋，奶声奶气的声音，我的心就变得柔软起来。知道为什么嘛？因为他们的脸蛋上有和你一样的神情，目光里有那种随时需要我呵护的渴望。

放心吧，好好地工作，家里的事你别操心。你在金盛兰施工一定要注意安全。

可能是我在安监部门上班的缘故，经常都能看到各地的事故快报，我第一时间都通过工作平台发给你了。你也一定要高度重视，保障安全生产是大事，工期越紧张越不能急，每一个环节都要严格掌控、落实到位。等你平安送电了，可以回家了，我做一桌子你爱吃的菜，等你回来。

家里都挺好，妈妈那边我也经常去照料。老人就是想你，每次去，总问你什么时候回来。现在科技发达了，我教她学会用视频通话了，以后你可以直接给妈妈打视频电话了。这样她就可以通过手机看到你了。

儿子和女儿都很想你，每次在卧室里看到我们的合照，总是问我：妈妈，爸爸什么时候回来带我去动物园呀？你看你，去年说的去动物园的话，到现在都还没落实。你确实很“坏”！

好了，我就不多唠叨了，你家宝贝丫头这会缠着我给她讲故事呢。

你一定要注意安全，我们都等着你送电成功凯旋。

霞

THE SECOND VOLUME
第二辑
温馨的守望

她用艳阳和月光诉说

爱便洒满他的清晨和黄昏

花开在心里

铁塔银线在秋季里蜿蜒

我一直等你

在万家灯火的夜里

送你“三千万”，请查收！

何红女

老公：

9 月 7 日你参加省公司运行操作技能比武，很遗憾没能拿到你想要的成绩。我看到了你的不甘，也看到了你的无奈。

我猜，你一个多月来“悬梁刺股”“抛妻弃子”地“闭关修炼”，却未能达到预想的目标，当然心有不甘。年龄已四十有五的你，与大学生、研究生等年轻人在同一考场上搏高低，多少有点心有余而力不足的无奈吧。我猜，对孩子和我的承诺，你心中还有些愧疚。不论是什么感受，我只想对你说，都已经过去了，比赛只是一种形式，目的是保证日常工作的安全，你每天安全的工作才是最重要的。

如果我没记错，1995 年电校毕业至今，你从事变电运行岗位已有 24 年。从始而终，一个岗位干了一辈子，这才是我所见的传奇；24 年未发生过一起误操作事故，你在我心中早已是 N0.1。

别人说“有一种冷，是你妈觉得你冷”。老公你知道吗？在我心中有一种怕，是因你而怕。

我害怕打雷闪电。因为打雷闪电时变电站线路频繁跳闸，你们操作队就像救援队，各个站点救急，天气越恶劣你们越要赶到现场，及时处理故障。雨大路滑，我不能给你打电话只能干着急和空担心。

我害怕过年过节。别人娱乐休闲，你们却最需要绷紧神经，每个站每个站地巡视，每个点每个点地测试，我们娘仨常常因你的缺席，只能留在家里，欣赏别人朋友圈的热闹。这 20 年我们从来就没有完整地一起度过一次节假日。

其实这些我都是能够理解的，只要这一辈子你都健健康康的，每次都能够平平安安地回家，我就很幸福。

你常说，你的工作就是要读透两本书——《变电运行规程》和《变电安全规程》。安全的重要性你比我懂，如何安全你比我了解得更透。虽与你讲安全，有些班门弄斧，但仍拜托请你收下我的“三千万”。

一是千万别摇摆、当老好人，要学会拒绝。为什么这么说呢？上月有一天下很大的阵雨，听你回来说，有关人员态度强硬地要你们执行调令，一生好脾气的你拒绝了，虽有同事“好言相劝”，你还是坚持了立场。我听后好高兴，那是要多大的坚定和自信，才能顶得住压力啊，我举双手为你点赞！涉及安全的行为，希望你能保持这份职业的自信，千万别“做好人”迁就，有的人是不知才无惧，而你知错而犯就是不可原谅的。

二是千万别心存侥幸、偷懒使巧，要按规操作。还记得我曾经跟你讲过的，2000 年我在变电站倒闸操作水泥线柜的事吗？当时我断开开关，拉开刀闸，却忘了带验电器，懒得费时间验电，准备直接在负荷侧挂接地线。但犹豫一下后，我还是决定回工具室取了验电器。一验电就发现水泥线负荷侧有返送电源！这事我至今心有余悸，差一点就没有现在的我了。所以，安全从来不会给侥幸让路，贪图省力终生憾，侥幸心理酿祸端的案例比比皆是。你不仅要读透《变电运行规程》和《变电安全规程》这两本“生命之书”，还要知行合一，知道并做到。

三是千万别倚老卖老、自称师傅，要学无止境。你从事一个岗位 24 年，积累了丰富的变电运维经验，但不应该成为你倚老卖老的资本。现在我们公司的管理、技术、设备都日新月异，你今年才 45 岁，离退休还有 15 年。大数据、物联网、全息论等新名词给未来世界带来什么变化，我们无法预想。只有不断地学习，把自己当作一个充满好奇和求知欲的小学生，保持一份“空杯”状态才能适应未来世界，才能为孩子们做出榜样，才能昂首自信，迎接这个伟大而美好的时代。

老公，我爱你！如果你也爱我，“安全健康”将是你送给我最好的礼物，我时刻期待着。

老婆

（何红女，国网黄石供电公司）

回音壁

每次回家给你一个大大的拥抱

老婆：

你的来信已收到。看到你的来信，心里有千言万语却不知如何说起。

你朝九晚五，我轮值倒班，双休日的休息难得有重叠，平日里打电话是我们最多的沟通方式。读完信，发现你能对我的工作性质理解得这么深刻透彻，没想到我们平日的只言片语你都牢记在心，谢谢你的理解。

上个月我参加技能比武，那段时间，家里家外都是你一个人在撑着；两个孩子，都是你一个人在照顾，就是为了让我能够全身心地投入封闭训练，很想对你说声："辛苦了，老婆！"

老婆，你常说需要我的时候我总不在身边，我很是抱歉，其实我又何尝不想每天都能见到你们娘仨？但常常越是恶劣天气，越是严寒酷暑，越是春节大庆，我们越要做到万无一失。你总说我黑白颠倒，生活紊乱，我知道你是关心我，但我们的工作常常就是半夜三更，错峰操作，辛苦了我们方便了大家呀；你说讨厌我变化无常，计划赶不上变化，我知道我常打乱家庭计划，但电话来了就是军令，变电站事故处理的时间真不是我能够掌控的。我知道道理你都懂，我也知道你的埋怨既是担心也是关爱，我都一一收到了。

老婆，送我的"三千万"，我铭记在心。在这里向你郑重承诺：我保证每次安全回家，给你和孩子们一个大大的拥抱。操作时，严格按照安全规程操作，不侥幸、不将就、不马虎，守住安全底线，不碰红线；驾车时，不争不抢，不开"斗气车"，把好方向盘，为自己也为同事守护安全防线。我保证健康生活，陪你做养身达人，关注身体，多健身、少吃荤，每天至少走三圈，做孩子们积极向上的榜样。我保证爱你永恒，陪你一起慢慢变老。每天我心心念念着你和孩子们，心中满是幸福，每天回家，步伐总会情不自禁加快几步。

放心吧，老婆，保证安全是我们共同的心愿，爱你们是我此生的使命，所有的梦想我们一起去实现。爱你！

老公

一世情缘电网牵

张绪芹

利华：

见信如面。在这样一个通信技术高速发展的时代，提笔给你写这样一封安全家书，对我来说，感慨万千，意义犹重。

虽然现在的你已走上管理岗位，没有从事电网一线生产运行工作，但我深知作为区公司安全工作第一责任人，你肩上的安全责任更加重大。作为电网人，我明白安全的重要意义，我希望在你安全的港湾里幸福地过一辈子，也希望公司的安全工作能给更多的家庭带去光明和幸福。

安全，唇齿之间一个词，简单明了。但谈到安全，不免让我们电力人心情有着五分忧虑、五分欣慰。忧虑的是我们日常工作中安全风险始终存在，欣慰的是我们公司近年来安全工作总体态势向上向好。

利华，在这里我不免又要对你唠叨几句了，你的安全是我们全家最大的心愿。其实，你知道吗？对于你的工作，我也曾做过激烈的心理斗争。你一直很忙，特别是在迎峰度夏和迎峰度冬期间，经常因为要去现场指挥而看不到人影，而家里还有两个小孩儿，我也希望你能帮帮忙、搭把手，可是看到你对电网事业的热爱、对工作的一丝不苟，作为妻子的我，对你的工作既理解又担心。

犹记得王国维先生曾写过人生三重境界，其实我对你的担心也经历过三重斗争。

第一重"风雨不怜黄花瘦，急煞阶前掌灯人"。记得2016年迎峰度夏期间，那时湖北各地遭遇特大洪水，为了抗洪保电，你没日没夜地加班，经常都是我和达达两个人在家吃饭。有时达达会问我，爸爸什么时候回来，我只能说，快了，快了。特别是在7月初的那几天，连续暴雨，你对我说正跟着领导在一线抗洪保电，我的心里万分焦急，如同那"阶前掌灯人"一般，盼着窗外的迟迟未归人。这是我对你个人安全的担忧。

第二重"舳舻万里往来，有祷必安全"。2017年11月，你经公司安排到区公司担任负责人，我知道你的工作可以用千头万绪来形容，我对你的千言万语也只能化作千思万虑。你所管理的各项工作如同万里长江中的千支舳舻，只有管理得当才能有序航行，确保安全。那么我愿意做夜行途中的祈祷者，希望各项事务都能安全平稳渡行。这是我对你工作安全的担忧。

第三重"但愿苍生俱饱暖，不辞辛苦出山林"。利华，作为你的妻子，我时常感到三生有幸。你工作中勤勤恳恳的执着，对电网事业发展的热衷，我都看在眼里记在心间，这也是为什么我愿一世相随的缘由。记得你曾经跟我说，鄂州现在正处于由钢城向港城转型的关键时期，为配合政府的各项工作，电力部门必须主动担当有所作为，临空经济区电力设施拆迁、机场综合能源服务等各项工作必须走在前面……其实我知道，这是你对电网事业的热爱，是对你这份工作的责任使然。但请你也牢记，在为事业奋斗之时，一定要守牢安全底线。

现在的我，对你的工作、你所热爱的事业，都全力支持，但希望你能将安全这个红线牢牢把握住。

"我能想到最浪漫的事，就是和你一起慢慢变老"，这是我非常喜欢的歌曲，希望能和你携手并肩，平安快乐地走过这美好的一生一世！

你的妻子：张绪芹

（张绪芹，国网鄂州供电公司）

回音壁

我许你三重承诺

绪芹：

收到你的来信，我万分感动，感谢你对我工作的支持，更感谢你对家庭的付出，在这里也请你放心。我一定会牢牢抓住安全的底线，珍爱自己，热爱工作，忠于事业。对于你担心的三重斗争，在这里我也许你三重承诺。

第一重“身无彩凤双飞翼，心有灵犀一点通”。作为丈夫让你时常“阶前掌灯”等待未归人，是我对你的亏欠；作为父亲，缺少对孩子的陪伴，是我对家庭的亏欠；可是作为一名国家电网人，灾情到哪里，我们的电力供应就要送到哪里，这是我们的职责也是我们的使命。但请你放心，现场工作中的安全措施，我早已烂熟于心。对自己的珍爱才是对家庭的负责，这个道理我早已内化于心外化于行，所以请你相信，也让我们的孩子相信，他们的父亲一定会将安全的底线牢牢握住，绝不放手。

第二重“长风破浪会有时，直挂云帆济沧海”。2017 年 12 月，初次作为负责人来到区供电公司，的确如你所说，很多工作都是千头万绪。但在这我向你报告，更是向你承诺，鄂城公司自上而下构建了“3+1”安全管理体系，安全保证、安全保障、安全监督、安全考核部门各负其责、齐抓共管、共保安全的局面初步形成，各专业部门抓安全管理的积极性和主动性得到了有效激发，所以各条“舳舻”都在沿道而行，有条不紊。我坚信，公司工作必将借着临空经济区建设的强劲东风，平安扬帆起航。

第三重“千磨万击还坚劲，任尔东西南北风”。国家电网作为保障国家能源安全、参与全球市场竞争的“国家队”，作为党和人民信赖依靠的“大国重器”，承担着重要政治责任、经济责任和社会责任，电网事业也是我一生的追求，感谢你对我的理解与支持。目前，公司正面临好的发展机遇，将推进“三型两网”建设，打造具有全球竞争力的世界一流能源互联网企业，你我这一代人作为电网建设的中坚力量，必将迎难而上，开拓进取，为实现鄂州电网全域配电自动化覆盖，构建坚强智能电网和泛在电力物联网做出自己应有的贡献。在此，我也向你许诺，我必将为电网事业奋斗终身。

绪芹，你的千言万语汇聚成了千思万虑，我希望用我的实际行动让你的千思万虑变成“千变万化”的智能电网，照亮千家万户。“为你把美好记忆带回家，因为我们是一家人，相亲相爱的一家人”，这是我近日常常听的一首歌，感谢你让我们的家庭有“女”有“子”凑成一个“好”字，我们一定会一起慢慢变老。未来可期。

你的丈夫：黄利华

你是无与伦比的孩子他爸

姜有娟

天天爸爸：

给你写这封信时已经是深夜，一切都显得沉静安详。今天又轮到你值班，睡前儿子在我耳边说："爸爸不在家的时候，我会保护好你！"现在听着他均匀的呼吸声，整个人都感觉特别平静。

身为"黄二代"的我，小时候常在堵河边、铁路旁玩耍，听过也亲眼见过太多不安全事故。听说过高年级同学去河边游泳再也没有上来过的事，亲眼看见过货车呼啸而过夺走人命的惨剧。如今，同处电力安全生产一线的我们，在工作中学习了《安规》和许多安全事故通报，"安全"二字，更是时刻绷在我们心中的一根弦。

结婚七年，我也慢慢摸清了你的脾性，你就是一个说一不二的人，工作至上，责任大过天。每当刮风下雨天气，你总是心神不宁、坐卧不安，即使是半夜三更，你也会每隔几分钟就趴到窗户上往外看，看雨下得有多大，看风刮得有多猛，始终担心设备会不会出现问题。

今年 5 月份，从运行分场调整至运维检修部，你比以前更忙了。你经常对我说的一句话是："干生产，心里一刻都不敢松懈，不仅是设备的安全，更重要的还有人身安全。"你在家几乎每次接到生产单位电话时，我都会很紧张。已经记不清多少次，一个电话你拔腿就往外跑，匆忙得甚至听不到我叮嘱你的"路上小心，注意安全"。只要是你在赶往厂区的路上，牵挂便成了我的常态，直到你结束了现场的工作，我那颗悬着的心才算放下来。

除了现场设备，你一点都不关心自己。记得今年 4 号机接力器渗油抢修，你连续几天都守在抢修现场，厂房内外的温差使你患上了重感冒，白天咳得开会时无法张口，夜里咳得整夜不能入睡，看的我心急如焚，一个劲儿地催你去医院输液。你却从背包里扒拉出几盒药，放到嘴里一小把，笑着说：“没事儿，扛过去就好了”。接连出现的设备故障让你几天就可以好的感冒硬是拖了半个多月，我心里有种说不出的滋味。

时光荏苒，你已从所谓的“白面书生”蜕变成发福的中年人，当初的豪言壮语也逐渐消磨成普通日子里的柴米油盐。在家里，我们之间谈论最多的话题除了工作还是工作。但每一次你都会把工作中的成就和快乐分享给我们。回家再累，你总是什么家务都干，一有时间就陪孩子。其实我知道你身上的压力和责任，也知道你遇到的烦恼和困惑，可你把所有一切都扛在自己身上。

你多年从事一线生产，我能从你的日常言行中感受到你对安全的敬畏，但我还是要唠叨几句：请遵章作业，远离“三违”，让安全同行、幸福为伴。同时我还想对你说：累的时候说一声，我就在你的身旁，我愿意听你唠唠工作上的烦心事，也愿意聆听你工作上的开心事，因为你是我们这个家快乐和幸福的源泉。

在此致我无与伦比的孩子他爸，你辛苦了！

天天妈妈：姜有娟

（姜有娟，国网湖北黄龙滩电厂）

回音壁

感恩的心让我不消沉

天天妈妈：

今天看到你的来信，我思绪万千，提笔写下这封信表达我对你的感激之情。

我来自一个普通的农村家庭，父母都是老实的农民。虽然他们文化水平不高，祖上也并没有传下诸如“勤俭治家、虚心治学、仁爱治德”这般的格言家训，但正所谓“人之有爱，本由亲立”，身教远远胜于言传。父亲的负责担当、吃苦耐劳，母亲的勤劳俭朴、善良厚道，都在生活点滴间潜移默化而又深刻久远地影响着我。

“讲良心、行善事”。父母或许不能完整地说出“勿以恶小而为之，勿以善小而不为”这句古语，却凡事但求无愧于心，只愿做一个对得起自己良心的好人，一直是父母挂在嘴边的话。入厂二十多年，企业给予我的太多，感恩的心让我不消沉，一直保持一种积极向上的精神状态，对工作负责，对家庭负责，对自己负责。

由于安全知识的贫乏和对安全的不敬畏，那些用鲜血甚至用生命的代价写成的事故案例，不仅仅给我们带来了泪水和悲哀，给无数家庭带来了痛苦和凄惨，更带给我们无尽的思索和探讨。什么是负责，就是让安全警钟长鸣，让安全措施到位，让作业人员安全得到保障，平平安安上班，高高兴兴下班。做到这些就需要我们有夜深人静还得伏案工作的常态，需要道路坎坷还得负重爬坡的坚韧，需要遭遇误解还得步履从容的胸襟。我们多做一点，多想一点，多看一眼，才能让违章远离，让幸福围绕。

人们戏说“男人四十一枝花”，轻狂已退，精力尚存。四十多岁，早已不是“恰同学少年”的意气风发，更不是“人挡杀人，佛挡杀佛”的无知无畏，懂得了赠人玫瑰、手留余香的温暖的内涵，学会了用心做事、惠人达己的坦荡，感恩于他人的付出，他人的帮扶，理解他人的不易。

你总是跟孩子说“幸福就是一家人在一起，平平安安。”你也总是跟我说：你是父母的心，妻子的天，孩子的山。无论在哪你都要时时刻刻为我们着想，把安全放在第一位。今天写这封信，是想告诉你，现在我们拥有一个幸福美满的家庭，日子越过越红火了，我们要珍惜这种平安稳定的生活，“抓住青春的尾巴”，全力干好本职工作，干点有意义的事情，以不负生命之难得，生活之美好，回报企业所给予。

安全大于天，关系着每个人、每个家庭、每个企业。只有安全，才会幸福，我将常记于心，在工作和生活中会做好表率，管好自己，提醒他人，让安全常伴，为企业安全发展贡献自己的一份力。

感谢您的理解和支持，我会守着初心，向前进！

天天爸爸：胡晓连

桂花飘香寄深情

黄　沛

祝先生：

好像从未以这种方式跟你交流过，文字总比日常的沟通来得更加柔软细腻，让我们可以静下来倾听彼此的心声。

一年秋意浓，十里桂花香。院子里桂花开了，我追着儿子一诺在桂花树下玩了好几圈，路过的阿姨问一诺爸爸呢？他说“武汉”。是啊，你又去武汉“保军运”了。我没记错的话，这已经是你第 5 次为军运会去武汉出差了，而且一去又是一个月，我们大家都为你骄傲，能够为这种国际化的体育赛事贡献自己的一分力量是多么的荣幸啊！

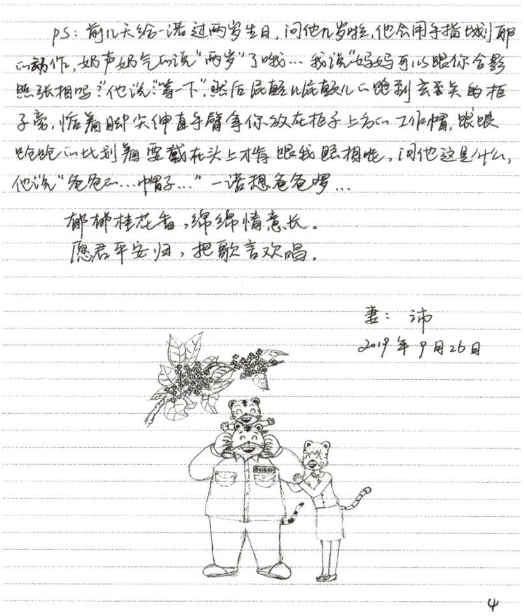

ps：前几天给一诺过两岁生日，问他几岁啦，他会用手指比划耶的动作，奶声奶气的说“两岁”了哦…… 我说“妈妈可以跟你合影照张相吗？”他说“等一下”，然后屁颠儿屁颠儿的跑到玄关的柜子旁，踮着脚尖伸直手臂拿你放在柜子上的工作帽，跟跟跄跄的比划着要戴在头上才肯跟我照相呢，问他这是什么，他说“爸爸的……帽子……”一诺想爸爸啰……

郁郁桂花香，绵绵情意长。
愿君平安归，把歌言欢唱。

妻：沛
2019年9月26日

4

山高路远，千沟万壑。前段时间，我第一次走进单位的帮扶村，那是一个很偏很偏的山背见，就像深藏在天际的一乡僻壤，从长阳县城驱车，穿越山路十八湾，历经几个小时才能到。半天的入户专访慰问，才转了几户人家的我已经疲惫不堪，腰酸背痛，脑海里不经意间浮现出你无数次回家的场景。

汗硬了的工服，满是泥土的登山鞋，疲惫的脸庞，心里想着你平时巡线的日子是怎样度过的？我有车可坐，有路可走，而你呢？高压铁塔都建在人烟稀少、错落起伏的群山之中。寒风酷暑、冰天雪地，没有人走的路你要去走；险滩急流你要去趟，险峻的山峰你得去征服；青蛇、荆棘、虫蜂、兽夹，都是你巡线路上将会面临的危险。然而，你却从未向我抱怨过。每次出去归来时你的工服要浸泡好久才没有黄水，因为都是汗湿了后身体把它“烘”干、又汗湿又“烘”干……反反复复，工服“吃了”太多汗水盐分。你的登山鞋怎么洗都洗不干净，天晴时里面钻进一窝窝小小的荆棘刺，肉眼都很难把它们摘出来，但摸上去就是扎的刺手；下雨时山里泥巴黏稠，泥浆糊把鞋面包的一层又一层，雨水溪水浸入鞋里，跟泥巴混合后堵的鞋底鞋垫严严实实的，怎么刷都倒不干净。

最让我担心的是你的身体，以前我还常说你皮肤比我还白呢！现在呢？皮肤黑了、粗糙了，头发稀疏了，手心有茧子了，腿上经常有被划的一处处伤痕、被虫子爬了的一个个红印迹，看着就觉得头皮发麻。早上天没亮就出发，夜晚伴着晚霞归来，遇到路途遥远的，不可能及时回家是你平时工作的常态。你坚定执着的每一个步伐、无怨无悔的每一次攀爬，都在告诉我，你是特爱着你的输电事业，真爱着那一个个铁塔的。

“千磨万击还坚劲，任尔东西南北风”。就在你这一次去武汉“保军运”前几天，你接到通知说晚 10 点开会，晚上 9 点去单位后，半夜 2 点多你才回来，第二天 5 点便又出门工作到半夜才回家，在仅仅只睡了 3 个小时的情况下连续工作了 21 个小时。事后我才知道你是在进行三级电网风险保电，避免了造成施工全面停电的可能……每当这些时刻，我都会陷入复杂的情绪之中，既有为你安危的担忧，又为身为输电人的妻子感到由衷的骄傲和自豪！因为你的热爱与执着，因为你的敬业和付出，因为你的积极与进取，也鼓舞着我，让我变得越来越勤奋努力，以饱满的热情投入工作，乐观向上的心态面对困境。作为你的妻子我没有理由成为你前进的阻力和放不下的包袱，我只有默默地支持你，成为你前进路上的动力和休息时温暖的港湾。

我的祝先生，一路披荆斩棘你都走过来了，吃苦受累的时刻你都挺过来了，我相信你会继续坚守你的初心，勇担你的使命，越走越坚定，越走越高远。我相信我们努力的现在肯定会迎来更加美好的未来。我更相信我们的一诺也会成长为像爸爸一样不畏险阻、正直阳光的男子汉！

前几天给一诺过两岁生日，问他几岁啦，他会用手指的动作加上奶声奶气的声音说“两岁”。我说：“妈妈可以跟你合影照张相吗”他说：“等一下”，然后屁颠屁颠地跑到玄关的柜子旁，踮着脚尖伸直手臂拿你放在柜子上方的工作帽，比划着要戴在头上才肯跟我照相呢。问他这是什么，他说“爸爸的……帽子……”你看，一诺是想爸爸哩……

郁郁桂花香，绵绵情意长。愿君平安归，把歌言欢唱。

妻：沛

（黄沛，国网宜昌供电公司祝万波妻子）

回音壁

军运保电　虽苦犹荣

老婆：

在现下网络通讯技术如此发达的时代，收到你这种形式的家书让我受宠若惊，惊喜意外之余更多的是深深的感动。

转眼到武汉来又接近一周的时间了，对，没错，又是“保军运”。这次是军运会保供电的压力测试阶段，保电要求“五个最”：最高的工作标准、最有效的组织保障、最可靠的技术措施、最饱满的精神状态、最严明的工作纪律。在这种高标准、严要求之下，我们每天早上 6 点 30 分起床，晚上工作到 8 点多才会收工。我正在尽自己最大的努力完成正式保电前的“演习”。

今年，我全程参与了武汉军运会保电相关工作，从隐患排查、劳动竞赛、设备交接到压力测试四个环节无一缺席。这也意味着今年我处于频繁出差状态，连咱们可爱的儿子都知道爸爸去武汉了。这更意味着对咱们这个家、对你、对儿子一诺少了许多照顾，让你承受了更多家庭重任。别看我平时嘴里不说，但我都看在眼里，记在心窝窝里。我想对你说：“老婆，为了咱们这个家，你辛苦了！”

没想到我看似日常平淡的工作，会令你时时刻刻都在担心我的安危。我既然选择了输电，也就意味着选择了吃苦，选择了风吹日晒。作为一名国家电网人，我们要做的就是去征服崇山峻岭、征服巍巍高塔。我们可能称不上高大伟岸，但我们却用瘦弱的双肩扛起了立塔、架线的重任。烈日下、风雨中、严寒里，有塔有线的地方就会有我们的身影。我想对你说：“老婆，工作中再苦再累我都不怕，只要回家第一眼见到你，定能解乏！”

桂花香，秋意浓，一眨眼的工夫咱们一诺已经度过了两个春秋。你曾经说过“我们尽量不要错过他成长的每一个瞬间，多些咱们作为父母的陪伴，以后回想起来才不会觉得遗憾”。我也时常用你说的这段话警醒自己。从你提拔为农发行长阳县支行副行长以后，身上的担子重了、工作更加烦琐了，但为了每天能回家陪伴一诺，坚持上下班驱车 1 小时，不辞辛苦在宜昌、长阳两地奔波。在育儿问题上你都是用实际行动引领我前行。咱们一诺现在一天天长大，一天比一天可爱，他简直就是我们全家的快乐源泉，我相信他也能感受到自己是很幸福、很幸福的。

你的来信中画的“巧虎的一家”栩栩如生。巧虎，还有他的爸爸妈妈站在桂花枝头下的画面好有爱啊！仔细看巧虎爸爸胸前还贴着“国家电网”的胸贴呢，这完全就是咱们幸福的一家！看到这幅画，感动的同时脑海中也浮现出了儿子嚷嚷着要看巧虎的画面。

老公：祝万波

写于武汉军运会保供电驻地

乡愁是线路，你在这头我在那头

熊　勉

亲爱的老公:

展信安!

这是我第一次给你写信，不知不觉都已经国庆了。领证后的第一个中秋、国庆都没在一起过，争取第一个双十一能在一起庆祝庆祝!

之前在站里画一次系统图的时候，我就想着你我所在变电站的距离只有一条21千米的线路那么长，可谓是“工作后，乡愁是荆斗一二三回线，我在这头，你在那头”。所以，你如果想我了，记得抬头看看线路，想想我们不仅能同赏一轮明月，还能同看一条线路，某种程度上还是值得欣慰的。

这是我们第一次国庆节值班，在变电站的电视上看阅兵的转播也是很独特的体验。祖国的繁荣昌盛让我自豪，也让我更加坚信我们国家的明天会更美好。想到在这普天同庆、万家灯火的背后，也有我们电力人的一份努力，我也越来越深刻地认识到我们这份工作的责任和意义。安全，是我们电力工作者的第一要务，这不仅仅是对自己、对家庭负责，也是对企业、对社会负责。事故确实是小概率事件，但一旦发生，造成的都是不可挽回的后果。

其实在电力生产过程中，许多安全生产事故都是可以避免的。事故的苗头往往都是个别员工不注意细节，未把安规放在心上，不把小事当回事。或者嫌麻烦、图便利而养成了不良的习惯，经常犯一些细小的违章，以至于埋下巨大的安全隐患。所以在学习阶段，我们不能不懂装懂，要清楚地了解每个环节的工作流程，先干什么、再干什么、具体怎么干都要做到心中有数，更不能麻痹大意、心存侥幸。“细节决定成败”，安全生产无巨细之分，容不得一丝一毫的马虎大意。我们要在入职之初就养成良好的工作习惯，并认真履行自己的职责，最大限度地保障电力安全生产。

最近天气逐渐转凉，秋天到了，变电站周围的庄稼也到了收割的时节。我们斗笠站已经在附近发现了几起明火焚烧秸秆的事件，且不说随意焚烧秸秆造成的污染，倘若这明火烧到了树林扩大火情，将会严重影响到周边线路的运行。想来你们周边也会有这种情形，最近可要注意不要放松警惕。

在变电站里不像在家、在商场，随处有可以连接的无线网络。习惯了无线网络的便捷，却忽视了其中暗藏的风险。通过培训，在学习了美加大停电、乌克兰大停电等事故原因后，才深刻意识到在这个信息爆炸的时代，网络安全对我们现代电网安全是何其重要，而网络入侵的漏洞却往往来自基层网络防护的薄弱。我们作为新入职的一线运维人员，必须强化网络安全意识，遵循网络保密管理规定，不要让自己成为网络入侵的突破口。

絮絮叨叨这么多，仔细想想你也是和我一样的电力员工，想来受的安全教育不会比我少。反复提起也只是希望我们能互相提醒，保持警惕，平平安安的，共同守护好我们的新家。

每天都在想你的老婆

（熊勉，国网湖北检修公司）

回音壁

爱心一线牵 情系特高压

致我亲爱的老婆：

收到你的这封信件，实属惊喜。遥想之前和你一起看《北京遇上西雅图之不二情书》的时候，看到两位主人公相隔万里将自己对爱人的思绪写进字里行间，将言语化的情感通过纸笔来表达。羡慕这种情调之余，感叹信息化的时代，能够收到一封来自亲人的信件是多么有意义的纪念。

三天前，10 月 2 日，在举国欢庆祖国母亲七十华诞之际，我就已经收到你的家书，惊喜之余，更多的是对你的愧疚。

早在半月前，我和你沟通过，国庆节之前，我们站会进行 2019 年年度检修的工作，会比较忙。想必通过这段时间的变电运维知识培训，你也了解到 1000 千伏荆门特高压站属于一类变电站，全站年度检修是根据国家电网调度中心的指令来进行相应的工作安排。此次检修工作涉及中国电科院、湖北电科院等科研单位，变电检修中心、超能公司等省检修兄弟单位百余人，安全责任十分重大。变电设备停电时间的长短、送电是否及时以及是否无缺陷完成检修工作，都关乎着华中、华北跨区电网的电能传输，这一切的一切都需要每一位参加此次检修工作的电网人尽心尽力，不能有半点马虎和差错。

作为一名今年秋季加入国网湖北电力有限公司这个光荣大家庭的新员工，我最近做的虽然只是摆放遮栏、悬挂工作标识牌等基础操作，但这也是布置安全措施必不可少的环节。本着工作为先、安全第一的要求，身上的责任和使命让我选择坚守自己的岗位。对你的思念，便只能暂时藏在心底。

“特高压无小事”，这是进入基层单位时，单位领导在见面座谈会上对新员工们工作态度的要求。无缺陷送电成功，顺利完成年度检修工作之后，根据排班计划，我有幸跟着经验丰富的师傅投入到国庆保电的工作中。检修刚结束的几天需要更多的巡视和注意，时刻关注变电设备的运行状况，而今年的检修适逢国庆佳节，保电的责任和使命更是赋予了我们工作非凡的意义。

就如你诗画般的语句描述的那样，我们两座变电站相距仅 20 余公里，你在那头，我在这头。今天是 10 月 5 号，对于工作在荆门特高压站的一名基层员工，是一个值得纪念的日子，因为今天是全站安全稳定运行 4000 天的日子。

国庆佳节，当恋人们携手共游东湖，一家三代人共览三峡大坝美景，欣赏祖国壮阔山河之时，我知道，你和我一样，坚守在各自的岗位上，不曾有半丝懈怠。今天中午在食堂看到电视新闻上说，今年在武汉的长江两岸，国庆夜间会有以“楚天光秀·辉煌江城”为主题的大型欢庆灯光秀。心里有一丝涟漪波动，因为我想带着身为武汉人的你回家去现场观看灯光秀，共同感受祖国强大的美好。愧疚之余，转眼一想，我们现在做的工作，是让更多的人感受到祖国的强大，是在为保证电力的高质量供应贡献自己的力量。就如在 4000 个日夜的过往里，荆门特高压站的全体干部职工共同奋斗取得的卓越成绩一样，我们也要像他们一样，不畏磨炼，成长为一名有担当的青年电网人。

收到你的来信的那一刻，我就想要快点构思，如何尽快回复你对我的关心和思念，让你感受到我对你的热忱之心。在家书里，你提到对安全工作态度的理解认识，对变电站周围安全环境的隐忧和关切，以及对变电站里面没有无线网络这件事情的看法转变，这都说明你在不断地成长进步。

今年 8 月份，当我们携手一起前往位于武汉汉阳的国网湖北检修公司报到的那一天起，就已经站上了人生新的舞台。通过这两个月的入职教育和轮岗实习培训，我很高兴地看到你快速地从学生身份转变为一名奋斗在基层一线的职工，在师傅的带领下走上工作岗位。尽管在目前这个阶段，由于缺乏相应的实际工作经验，我们还不能亲自进行诸如接调度令、倒闸操作等重要操作，对站里面的一次设备、继电保护室、二次保护柜也还不足够熟知，大量的再学习工作等着我们来做。但面对这些困难和挑战，希望我们夫妻可以形成“统一战线”，刻苦奋斗，勇担时代赋予我们的使命。

习总书记说过“幸福都是奋斗出来的”，同为电网人的你我，有幸共奋斗在国网湖北检修公司，一起担负起维护好华中跨区电网、湖北主网安全稳定运行的重大责任，这也是我们的光荣和骄傲。人民电业为人民，安全稳定是第一。愿我们时时刻刻遵守公司各项安全规章制度，保障人身、电网、设备的安全，为我们的小家共筑温馨和谐之巢，为祖国电力行业的发展共奋进！

爱你的云越

这么多年从未对自己的选择后悔

张　玮

亲爱的老公：

你好！见字安。

我们相识五年，结婚三年，这应该是我第一次给你写信。看到孩子慢慢长大，感到欣慰的同时，不得不感叹时间都去哪儿了？当你看到这封信，是否有点小惊喜呢？今天，我想把我的心里话和你说说，把我对你的骄傲和自豪由衷地表达一下。

记得刚认识你时，看你木讷、话不多，我觉得非常无趣，对你不太满意。可是最终能和你相识、相爱，你可得多感谢你的老丈人。因为你们有工作关系，所以他对你更加了解。每次我挑剔你时，他总会给我举出你去他们基层所里开展工作时，认真严谨、一丝不苟的例子。他说你做事踏实，这样的男人靠得住。后来和你接触多了，我确实发现你的优点还挺多，虽然木讷，但真实，从不会偷奸耍滑；虽然话不多，但正直，从来不会占一点小便宜，我觉得一个人实实在在的品格是最重要的。谢谢你，这么多年来，没有让我为自己的选择后悔。

亲爱的老公，说实话，我以前觉得你工作挺简单的，我每次工作累一点就喜欢跟你抱怨，喜欢发个朋友圈，想让"领导看看"，求个安慰。但我从来没听你说过辛苦，也从来不会把工作的压力公开说出来。可是去年夏天，你同事发给我一张你检修过后，全后背都湿透的照片时，我的眼泪不自主地流了下来。我那时就想到一句话：如果你觉得现世安稳，肯定是有人替你负重前行。是的，你不抱怨，是因为你从不计较得失；你不发“圈”，因为你认为干的好比说的好更重要；你不诉苦，因为你想让我们母子安心。真的想说谢谢你，谢谢你的努力给了我们无忧的、温馨的家庭生活。

变电检修是非常危险的工作，虽然你作为班组负责人，对于安全有非常严格的把控，有时候跟你同事在一起他们还会说你太过严格，但我觉得你做的一点都没错。正是因为你的严谨，才能让大家多一点安全保障，才能让像我一样的家属安心。

老公，你知道你让我觉得骄傲的还有什么吗？告诉你，就是你一叠叠厚厚的荣誉证书！国网湖北省电力有限公司优秀三种人和安全生产先进个人，国网襄阳供电公司运检维修标兵、“金牌名师”……

我知道，荣誉只是过去，但也是你奋斗的见证。依稀记得前年冬天，你刚担任部门副主任，大清早 5 点多出门坐班车外出学习的场景。我记得和你开玩笑，说“比我优秀的人比我还努力”。你笑着说：“我不努力，对不起岗位啊！”

老公，如果一定要我嘱托你什么，我还想重申的是，人生路漫漫，安全要相伴！

这个家离不开你，我们对你的要求并不高，不希望你能挣多少钱，只要够用就好；不奢求荣华富贵，只要你平安就好。上班无论多么急、多么累，你一定要注意安全，因为我们每天等你，平安回家。

爱你的妻子：张玮

（张玮，国网襄阳供电公司王飞虎妻子）

回音壁

待白发齐眉，你我再读家书

亲爱的老婆：

收到你的来信，我非常高兴！

此刻，我静坐在书桌前，看着你给我写的第一封家书，也给你写第一封家书。结婚三年，虽朝夕相处，却鲜有时间促膝长谈，借这次活动的机会，用书信的方式和你对话，虽文字生涩，却弥足珍贵。

你每次总说我不爱和你说工作上的事情。其实不是我不想和你交流，只是我们这行是高危行业，一个不注意就有可能引起设备甚至是人身事故，所以工作时我们的“安全弦”都绷得紧紧的，生怕让你担心。

我们做每一项现场工作前，首先要提前一周报计划。报计划前几天还要去现场进行勘察，要在现场勘察停电的范围、撰写施工方案、安排人员数量和所需机具材料等。工作前一天还要填写工作票，对现场工作的方方面面进行记录，工作票还要审核签字。现场工作前，要对现场安全措施进行检查核对并对工作人员进行交代。工作中还要时刻监护工作人员的行为状态，确保其工作中的安全。

亲爱的老婆，这些东西你初听起来觉得不可思议，做一项事竟然有这么多准备工作和工序。但我们这行必须这样做，有任何一项程序遗漏，都有可能造成自己或他人的人身事故甚至死亡。

亲爱的老婆，我希望告诉你了我的工作，你不要太有压力、太过担心，因为我们对安全工作做了十足的准备。平时不参与现场工作时，我们就经常学习其他地方发生过的事故，进行剖析、讨论。每隔一段时间的安规考试，我都要求自己、提醒同事们不能光背，一定要把安全规范牢记心里、运用到工作中。为的就是让你放心、让更多像你一样的职工家属放心。

亲爱的老婆，转眼，我们都已步入而立之年，不仅是单位的中坚力量，更是家庭的主要支撑。我一定谨遵安全规程，你也要懂得照顾自己，我们都要学会快乐工作、快乐生活。我也会继续努力，守护你和儿子，守护好我们共同创造的宁静和幸福。待白发齐眉，你我再重读这封家书，那应该是这世上最大的幸福。

最后，愿你清风常伴，一切安好！

爱你的丈夫：王飞虎

我把心疼藏在心里

高慧云

亲爱的老公：

你好！

韶华易逝，从相遇、相知、相恋到结婚我们度过了幸福美满的五年，我希望在你安全的港湾里幸福地过一辈子。我从不曾以这种方式向你表达过只言片语，倒是你曾经在向我求婚时写过长达数页的情感告白。

初识你时，就知道你的工作艰苦。可是因为心中那份真爱，我毅然决然地决定将永远追随你，默默支持、理解并尊重你的选择，彼此包容，相互关爱，携手并进共同创造属于我们的美好生活。

还记得你之前在抢修班，而我在医院急诊；晚上你抢修停电，我晚上抢救病人；你在出车，我在出诊。我们的职业如此相似，都是在和人命与安全息息相关的事情打交道，都是紧急紧迫的事情，也许就是因为如此相似，才会惺惺相惜，相互理解吧！也许因为是和生命打交道，才知道生命的可贵吧！人常说 ：平安是福。平安是人生幸福的底部支撑，只有站在平安的土地上，才能培育出人生绚丽的花朵。

有时发生起火险情，你一接到电话跑到现场和消防战士一起灭火，看着你的背影不知道有多少次我的眼泪水直打转，各种接踵而至的担忧和恐慌使我辗转反侧、彻夜难眠，表面坚强的我从来没告诉过你。每次都提醒你要做好自身防护，虽然平时的我不够温柔，可是我内心对你的关心一点也不少，你的平安才是家里最希望看见的，也是家人最高兴的，为了自己，为了家庭的幸福，一定要注意安全。

生命只有一次，对每个人来说都是十分重要的，只有注意安全才会有平安，平安是永远不变的信念，有了平安才有和睦的日子，才有和谐幸福的家园，所以你要时刻注意安全，永远平安就是全家福。可是，老公，你的安全主要还得靠你自己，我能为你所做的一切是多么地微不足道。看着你被晒黑的脸膛，手上磨出的茧子，有时还带着流血的伤口回来，我说不出的心疼藏在心里，不善言辞的我也只有默默地在家里为你做一切事情。我尽力按你的口味做出你爱吃的菜，我会把我们的家弄得很舒适，为的是你苦了、累了的时候，能回家好好歇一歇。老公，不管你走到哪里，身在何处，一定要记得，在家里，有一个人天天盼着你能够平安归来。

人生路漫漫又汲汲，愿安全相伴你我！安全似黑夜里的一盏桔灯，虽然渺小，却可以指引你迷失的方向；安全似古寺里的一铸铜钟，虽然久远，却可以敲醒你混沌的思想；安全似寒冬里的一根火柴，虽然短暂，却可以点燃生命的火焰。现在的我们，还拥有强而有力的心跳，还在幸福地活着，还可以忙碌地工作着，那就让我们一手把握安全，一手把握生命，去迎接明天的第一缕阳光。

安全和健康就好比我们的左右手，缺一不可，只有双手才能创造出一幅幅人生美景。希望你看了我的信，从心里更加重视安全，用你的手握住安全的阀门，用我的手去呵护生命，我们一起共筑幸福的家、幸福的港湾！

高慧云

（高慧云，国网荆门供电公司韩锐妻子）

回音壁

我会用百倍努力回报你的深情厚意

亲爱的老婆：

从相识、相恋到结婚生子，这五年来，你还是第一次给我写信，看到这封信，我真的很感动。生活中的我是一个不善表达的人，在这个信息化的时代，书信的方式已经很落伍了，但这种方式却令我感到更亲切！我也应该感谢这封家书，让我把对你的关心表达出来，因为有好多心里话想对你说。

有多少个黎明，别人的妻子还在品味梦的香甜，你却已早早起来，忙碌一家人的早餐；多少个深夜，家人已酣然入梦，而你却在操持完家务后，又研究你的专业、分析你的课件。作为一名电力职工的妻子，在外你要像别人一样打拼事业，在内要照顾老人和孩子，努力为我营造一个温馨的小家，让我在工作的时候不分心，让我无牵无挂地把所有的精力投入工作；对此，你无怨无悔，努力实践着你贤妻良母的角色。你是一名护士，还要倒中夜班，回来还要照顾我和女儿，在我的心目中你就是超人。说实话，我在内心真的很崇拜你，敬佩你，爱你。

多少次寒来暑往，多少次雷电交加，多少个日暮晨昏、花前月下，当你最需要我陪伴的时候，却总是我工作最紧张的时刻，只有你独自一人照顾一家老小。我们心系祖国的电力事业，我们要保障国计民生的用电安全，为了千家万户的光明，我们必须舍小家保大家。有多少次，看着你疲惫的神情，望着你清瘦的面庞，拥着你瘦弱的双肩，我黯然神伤。这就是我的妻子、我至爱的人。我不能给你锦衣玉食，不能给你花园洋房，不能给你荣华富贵，给你的却是无尽的家务和担心。亲爱的妻子，这就是你一个平凡小女人的坦荡胸怀。正是这个家给了我无限的激情，我将甘洒热血，用百倍努力的工作来报答你的深情厚意。

安全，不仅是企业发展的基石，更是家庭幸福美满的保证，谁会愿意由于自己的疏忽大意，把孩子天真的笑容冷却在残缺的家中？谁会愿意由于自己缺乏安全意识让年迈的父母白发人送黑发人？谁会愿意由于自己的心存侥幸让至爱的妻子永远守候着寂寞？安全就像一棵光芒四射的太阳，照亮我们的人生；安全就像一滴生命之水，维系着我们的生死存亡；安全就像一根七彩的丝带，连接着一个个美好的愿望，构筑着一个祥和的幸福世界。没有安全的生活，人生又怎能幸福？没有安全的生活，人生又怎能安宁？只有把安全当作生命的保护神，让每一个人在一个和谐的环境中共筑安全，生命的蓝天才能永放光彩，我们的明天才会更加美好。

亲爱的老婆，“我能想到最浪漫的事，就是和你在一起慢慢变老！”在人生的道路上，我一定会牢记安全第一，执子之手与子偕老，我们一起努力，相互提醒，共筑美好家园！

爱你的老公

你是我永远的牵挂

柳　雪

亲爱的老公：

这是我第一次用书信的方式跟你交流。虽然现在互联网发达，沟通看似越来越方便，但我觉得反而疏远了家人、朋友之间的距离。大家都低头于手机，我们面对面的交流越来越少。所以我想借此机会和你敞开心扉，好好聊聊。今天要念叨一下“安全”的事。

看到你每天忙碌在自己的工作岗位上。在“三跨”隐患排查和整改工作中，为了避开铁路运输高峰期，凌晨2点对荆州火车站进行线路消缺；酷暑时穿梭在田间地头巡视线路，汗渍在工作服上画满了“地图”，绝缘鞋磨破了一双又一双；严冬时架设10千伏线路，在十几米高的电杆上操作数小时，被寒风吹的瑟瑟发抖，双手满是冻疮……我虽不知如何表达对你的关心，但心中一直充满担忧，只有看到你平安回家，我心里悬着的石头才能落地。

平时我总是嘀咕你的工作服经常刮破，或是满身泥泞油渍斑斑，你嫌我太啰嗦，其实我不是埋怨衣服不好清洗，而是希望你工作时多注意安全。我知道你经常要登杆操作或是下到电缆井里，接触的不是变压器就是电缆瓷瓶，衣服弄脏刮破在所难免。但衣服刮破一次，就多一分人身伤亡的危险，我啰嗦是希望你能时刻绷紧安全的弦，不管工作环境多艰苦只要平安就好。

记得有一次你从工地回来，看到你工作服上有血渍，我的心一下又揪了起来，忙问：“你这是怎么了，哪里受伤了，严重吗？”还一边围着你左看右看，你却皱着眉不说话，貌似强忍着剧痛，我赶紧扶你坐下，女儿也小心翼翼端来热水，说：“爸爸快喝水，爸爸流血了要喊救护车，做人工呼吸”，你这才赶忙接过水，大笑：“我没事，是同事的手划破了，你们俩刚刚的样子太好玩了。”原来，那天在新建 10 千伏西环线施工现场，一位同事剖削导线绝缘外层时操作不慎，划伤了手，血流不止，缝了十几针。虽然你安然无恙，但我还是有些后怕，施工现场明明按要求做好了安全防护，可谁想，小小电工刀划出了事故。其实我们身边隐藏着很多危险，稍有不慎就会发生安全事故。女儿一片孝心给爸爸倒热水，却存在着被烫伤的危险。虽然你借机再次告诫女儿随时都要注意安全，在家不要摸电、火、天然气和热水，可刚刚情急下女儿早已把安全忘到脑后。所以安全不能只靠常挂嘴边说，而是要深入脑海记在心间，无论在任何突发状况下，都要出于本能谨记安全，这才能杜绝危险。

要知道，安全对于个人，意味着健康；对于家庭，意味着和睦；对于企业，意味着发展。安全就是生命，就是效益。每当学习一起起安全事故时，警钟都在我的脑海里敲响。每一份都是血淋淋的教训，多么触目惊心，多么惊心动魄。正所谓“千里之堤，溃于蚁穴”，许多大事故的起因往往就是对一个微小细节的忽略，继而引起了后果严重的事故。

我深知你的个性，干任何事都很细心，工作也很有冲劲。老公，要知道你可是我们家的顶梁柱啊！上有父母，日日盼你健康幸福；家有发妻，天天挂念你的冷暖安危；下有女儿，正依靠着你的抚育。你的健康，才能为我们遮风挡雨，你的平安，就是我们全家的幸福。希望你为了自己，为了我们家，为了企业，在日常工作中要时时刻刻注意安全，千万不能麻痹大意。特别是在带电或高空作业中，要有安全防范意识，严格遵守安全规程，提高安全警惕性，时刻把“三不伤害”落实到位。

妻子：柳雪

（柳雪，国网荆州供电公司）

回音壁

提议开办家庭安全小课堂

亲爱的老婆：

收到你的信我很感动，才知道虽然你嘴上不说，其实每天都在关心我的工作，担心我的安危，祈盼我平安幸福。我觉得为了你和女儿，还有我们这个大家庭，再苦再累都值得。

我在生产一线工作，经常参与高危作业在所难免，但这也是义不容辞的。想想如果人人都怕危险，都不敢登杆、不敢带电作业，那我们如何架设线路走廊、如何做到村村通电、家家有电呢？如果没有电，基本的生活都保障不了，更不谈发展经济了。现在城市电力建设已越来越坚强，但是农网却无法满足农村生产生活需求，农村电网导线线径细，供电能力不足，夏天我们在家享受着空调，可是农村有的地方因为低电压问题，导致电风扇转不快、空调成了买回家的摆设。近年来，农村新建住房增多、分散，很多地方还没有电源点，裸线安全隐患也异常突出，这都要加大农网改造、加快农网升级，这样农村用电才能更稳定、更经济、更可靠、更安全。

我知道你是刀子嘴豆腐心。虽然嘴上埋怨我工作又辛苦又危险，还说当初怎么就看走了眼嫁给了我，但我知道你每天的啰嗦是在提醒我注意安全。你每次蹲在地上帮我使劲刷工作服上的油渍，半天直不起腰，台灯下眯着眼穿针给我缝工作服，都是为了让我有更好的状态投入到工作中。我施工时受点皮外伤你总说我皮糙肉厚不碍事，但还是天天记得给我擦药。虽然你嘴上不说，我知道这是你对我工作的关心和支持。记得那次我假装受伤，事后想想确实不妥，让你和女儿着急了，还差点烫着女儿。不过也反映出我平时教女儿的安全知识还是有用处吧，她知道受伤了要做心肺复苏啊，提议我们可以开办一个家庭安全小课堂，组织全家都好好学习如何应对防范生活中的安全问题。

老婆，你放心，我的安全弦绷得可紧呢。以前当消防员，现在从事电力工种，可谓是见惯了各类安全事故，从中也总结了不少教训呢。“违章是事故的前提，事故是违章的结果。”违章不除，事故难绝。纵观所有安全事故的发生，无不与当事人有侥幸心理及麻痹大意有关，特别是安全意识淡薄，在现场施工时，随意性大、不按规章制度办事、安全措施不到位、甚至还有违章操作，缺乏监护管理及自我防护能力。

我深知，安全工作上不能只流于形式，不能说一套，做一套。安全活动一过，安全意识就淡薄了，制度管理就放松，违章现象又故态复萌。电力事业稳步发展，离不开连续稳定的安全生产局面，安全是发展电力企业的命脉，安全是每个员工的生命线，安全责任重于泰山，安全生产任重道远。

工作中我一定会坚持“安全第一，预防为主”的方针，总结经验，吸取教训，在工作中紧绷安全之弦，让“强制安全”化为“自觉安全”的实际行动，为企业安全工作筑起牢固的“防火墙”，为家庭幸福添砖加瓦。

丈夫：王成

妻贤夫祸少　一路爱相随

王艳阳

老公：

见信好！

今夜月朗星稀，我独坐桌前，打开一盏灯，满心宁静与温馨给你写信。提起笔，真是感慨颇多。尽管我们偶尔也会谈及安全这个话题，但从没有真正像今天这样深思过，就让这封家书带去我对你的爱与牵挂吧。

前几天，我看见电网的微信公众号推送了一篇关于开展“安全日”活动的文章，我看了也深以为然。那篇推送里讲述了好几起电力安全生产事故，真是触目惊心！安全对一个人的生命、一个家庭、甚至是一个国家多么重要！虽然看起来你的工作与我好像没什么关系，但是想到你作为企业的安全责任人，肩负着重要的安全责任，不禁也为你担心。

老公，不管你身处什么位置，都要时刻把“安全”记在心上。在我来看，大部分事故都是因人而起，你千万不要松懈。常听你说“安全第一，预防为主”，在工作中，你也要把“安全规则”置于心底，把“安全要求”督促大家落到实处。只有严格遵章守纪，把你们的安全规定都落到实处，才会有真正的安全。你是你们单位的管理人员，得为公司员工安全负责，每个人都是一个家庭不可或缺的部分。必要地过问生产和现场查看也是你义不容辞的职责和义务，你千万要做好大家的先锋表率，担负起作为安全生产工作领头人的神圣职责和使命，要从实际行动上树立起基层干部“安全重于泰山”的光辉形象，当好职工群众的引路人。我最大的心愿就是你每天快快乐乐地上班，平平安安地回家，认认真真完成单位交给你的任务。其中，安全工作是第一位的。

你可知道，常常看着你为热爱的事业而忙碌，作为妻子，我内心感到无比自豪和欣慰。每当看着你走出家门，踌躇满志、信心百倍走向单位，我不禁思绪万千……人言“妻贤夫祸少，子孝父心宽”。作为愿与你“执子之手，与子偕老”的妻子，我明白，我肩上的责任，就是做好你的“贤内助”。我想对你说，家里的事你放心！你对我而言，既是丈夫，还是我坚强的依靠，是我跟孩子的偶像，更是我们全家的顶梁柱。我希望你永远工作顺利，承担你应尽的责任，每天都能安全的回家，家里的事你就不要担心，我永远是你坚强的后盾。

夜更深了，月光是那么温馨，周围是那么宁静和安详。幸福是什么？也许每个人答案都不同，对我来说，只有两个字：平安！我一向不奢求豪华的生活，只向往在年迈的时候，两个耄耋之年、有着共同生命轨迹的白发老人，相互呵护与搀扶，携手共听小桥流水，并肩同看层林尽染，相依共赏花好月圆！

老婆

（王艳阳，国网宜昌供电公司）

回音壁

叮嘱记心间　夫人多担待

老婆：

展信佳！

收到你给我的叮嘱，感慨良多。工作二十余载以来，我事务较繁忙，孩子和双亲都是你在悉心照料，想起家中的一切，精神上总是温暖的。感谢你一直以来对我工作的理解与支持，与你相遇相识相知，是我人生中的一大幸事。

时值金秋时节，国庆节近在眼前，电力保障作为国庆活动的重要组成部分，国家电网人又将进入一段高度紧张的工作时段，我和同事们又会在工作岗位上度过，我觉得这很有意义。街上都挂上了鲜艳的五星红旗，处处洋溢着喜庆气氛及浓烈的民族自豪感。祖国七十年成就辉煌，电力工业从小到大、从弱到强，也正在创造一个又一个奇迹。就在不久前，两大世界级电网创新工程问世，彰显了我们电网创新发展的实力，也是我们电网人的骄傲。我们见证着祖国的日益繁荣和强大，见证了电力事业的蓬勃发展，也深刻感受到了中国共产党的伟大。

你可能常听我提起过，宜昌电网地理位置特殊，电网结构复杂，是西电东送重要通道，也是湖北西部重要负荷中心，既要满足全市经济社会发展用电需求，又肩负着三峡、葛洲坝、清江水电外送及西电东送的重要使命。我们承担着的安全运维责任，不能有任何闪失。在即将进入的施工高峰期，又临武汉军运会保电、国庆保电的重要时刻，我必须做好应做的事，履行好应尽的责。抓好安全生产工作，我们义不容辞。

你在信中反复强调的安全问题，我一直非常重视。安全，对于员工意味着生命，更意味着千家万户的幸福与安康。作为管理者成员，我和同事们也在不断完善规章制度，开展安全管理提升活动，强化电网安全风险防控、设备检修运维安全管理，加强控制作业现场安全风险。前段时间，我们成功应对了 500 千伏恩施变三级电网风险、夏季高温大负荷和强对流天气考验，猇亭、枝江的风灾抢修迅速恢复，还有全省长江大保护推进会、第十届三峡国际旅游节保电任务都已圆满完成。现在正全力做好国庆和武汉军运会保电……这些工作所取得的成绩，是公司党委坚强领导的结果，是各部门鼎力支持的结果，是全体员工辛勤付出的结果，更是离不开和你一样的千家万户的亲人们的支持。

虽然做出了一定成绩，但我也清楚地知道，安全生产形势的复杂性、严峻性不容低估，更不可对存在的隐患和问题掉以轻心、麻痹大意。安全管理认识不到位、责任心不强、恶性违章屡禁不止、管理盲区等问题仍然存在，一些作业现场不安全现象仍有发生。安全是我最大的责任，严是爱，松是害，千里之堤，溃于蚁穴。我们公司打造的“旗帜领航·三年登高”计划，正查找各专业、各岗位安全生产薄弱环节，狠抓基层、基础、基本功，提升本质安全能力水平，真正做到“安全每一个人，幸福每一个家庭”。

写这些文字的时候，夜幕正缓缓降临，路灯已经亮了，外面传来阵阵歌声“我和我的祖国，一刻也不能分割，无论我走到哪里，都流出一首赞歌……”我会牢记初心，承担电力保障的责任与担当。在这里，我唯有再次向你和女儿抱歉，陪伴你们的时间只有相应地少一些，相信女儿也能理解爸爸。辛苦夫人多担待，待与你在年迈之时，共听小桥流水，共赏花好月圆！

老公

那一夜，我彻夜难眠

黄佩佩

老公：

2013 年我放弃了更好的前程和机会，回到荆州和你结婚，就是看中你的责任感和有担当。你也一直在努力做好老公的角色，我觉得这样的生活很幸福。

可是慢慢地，一切都变了。你变得不再有时间陪我闲聊，听我唠叨单位上的糟心事；不再有空陪我逛街，陪我看最新上映的电影。以前每天都会回家，就算开车要一个多小时，你都乐此不疲。后来一个星期才回来两三次，就算回家也是工作缠身。而当时的我并没有意识到这是你的成长，这些都源于你的责任感，你对工作的认真负责，你把时间精力大部分都投入到工作中，对我、对家庭的关心自然变少。我当时只感觉自己一下子从天堂掉到地狱。面对这样的巨大落差，我定然是无法接受的，必然是不依不饶地要讨个说法的。我就围着你吵啊闹的，你无数遍跟我解释现在工作很忙，不像以前有那么多时间，可我哪里听得进去。

直到那一天，2015 年 8 月 28 日。那时我刚好两个月身孕，因为孕期反应比较大，你会尽量每天都赶回来陪我。那天晚上你加班忙完差不多快 9 点了才启程回家，出发前跟我通过电话，可过了两个小时还没见人影。正纳闷时，电话响了，我才知道，因为夜晚视线较差，加上工作疲劳注意力不集中，你开车的路上把人给撞了，一个推着自行车横穿马路的行人。那一夜，我彻夜难眠，至今我都记得老公你进门时全身沾染的血渍，记得你眼神里的惊魂未定，记得你睡着后瑟瑟发抖的背影，我不知道你都经历了什么，但我能感受你的后怕和恐惧。我好恨自己，恨自己不该无理取闹，该体谅你的工作和辛苦。

我很感恩，还好问题不是那么严重，伤者并未出现后遗症，通过治疗可以完全康复。我很庆幸，还好发生事故的对方并没有冲击力，如果当时撞到的是一辆货车，如果老公出现什么意外，那我怎么办，我未出世的孩子怎么办？我被当头一棒，还有什么比老公的安全更重要！只要你平安，就算陪我的时间不再那么多，就算回家的次数变少，但至少我心里是踏实的，有期盼的。

这只是上下班途中的意外。再想想你的工作，本就是高危行业，工作环境充满着各种不稳定因素。我是个外行人，但我却知道教育孩子不能碰插头、插孔，因为电是无形的，不能安全用电，电会随时吞噬人的生命。连 220 伏的家用电压我都要提防，更何况老公每天穿梭在各种高压设备中，那是需要冒多大的风险。

平安，对于个人，意味着健康；对于家庭，意味着和谐；对于企业，意味着发展。安全就是生命。作为一名基层电力职工的家属，我比一般人更加明白“安全生产”的重要性。每次看到那些变电站发生爆炸、失火的新闻，听到一些带电作业人被电身亡的安全事故，我就心惊胆战。每一起事故就意味着至少一个家庭的破灭，那些家属们的撕心裂肺、肝肠寸断只有他们自己最清楚。而这些潜在的危险时刻充斥在电力人的工作当中，许多大事故的起因源于对细节的忽略，因此我希望你注意每个安全细节，严格遵守安全规程，严格按照规定作业，在保证个人安全的前提下工作。因为，你的安全维系着企业的稳定，维系着家庭的幸福。

最后我想对你说，我知道你是有理想有抱负的，我明白你工作的重要性，我也知道千千万万个家庭的正常用电由你们来保证，你们的工作是服务于老百姓、服务于当地经济发展，我为你感到骄傲，我也会无条件支持你的事业。但是你一定要记住，我只是一个孩子的妈妈，我知道你要为国家、为单位多做贡献，但我唯一在乎的是你的安危，我只希望孩子有一个健康的爸爸，我们能拥有一个完整幸福的家。

我可以不要昂贵的包包和化妆品，也可以学会独立不再赖着你要求你，只要你能平安回家。

老公，我在家等你。

爱你的老婆：黄佩佩

（黄佩佩，国网荆州供电公司）

回音壁

一生有你，愁也坦然笑也畅快

亲爱的老婆：

时光荏苒，岁月蹉跎，一转眼从相恋八年到结婚六年，我们在一起已经十四年了。感谢你的真心陪伴、无限包容和默默支持。今天想给你写一封信，想借这个机会跟你说说我埋藏在心底的一些话。

还记得刚参加工作那会儿，作为一名变电运行人员，我总是不习惯在半夜三更还要穿梭在变电站的设备中，仿佛黑暗的世界只剩下我一个人。在每次设备巡视和倒闸操作过程中，我必须打起万分精神，保证自身安全的同时要将安全措施做好以便保证检修人员的安全。

每一个清晨，天还没亮，那辆“小黄车”，便载着我和我的同事奔赴变电站操作，你说我不懂浪漫，区分不出玫瑰花与菜花的不同。但是，亲爱的，你知道凌晨逐渐蜕变成清晨的样子吗？我告诉你，是那样的静谧、幽宁，玫瑰花色的云层被日出缓缓撕开，随风而舞，随风而散。

你经常抱怨，说中国人过节就是图个团圆，而我总是和同事在工作中聚餐度过。我知道你委屈，我就连过节都不能经常陪在你们身边。但每到节假日，我们必须坚守岗位，你想想看，在大年三十，我们看着家家户户都能安心地看着春节联欢晚会，难道内心不是充满了自豪感和光荣感嘛。

再后来，调到安监口工作，我感觉身上的责任更重了。既要为基层同志做好服务，也要时刻提醒作业人员注意安全，有时候要顶着被别人骂，去处罚相关违章人员，我们的目的只有一个——安全你我他。

你说你喜欢一首小诗：“我来到这个世界，就是为了寻找太阳。”作为一名安全管理工作者，我认为在作业现场中看到太阳天天升起，每一个现场都没有违章，就是我心中寻找的太阳。所以，亲爱的，我不仅要对家庭负责，也要对单位负责啊。

再过两个多月我们将迎来二宝。在我加班的时候，你还要一个人照顾大宝洗澡、看书、睡觉，深夜我进门的时候，看见熟睡的你们，心里很疼。我能做的只能是默默地把家里打扫干净。

亲爱的，给你说了这么多心里话，真心希望能够得到你的包容和支持。一路有你，愁也坦然，笑也畅快，一生有你，忧也自在，乐也开怀。

爱你的老公

我差不多成了半个安全员啦

郭　蓉

中仁：

今夜，秋风又起，说冷只有些凉，说凉却有点冷。或许是因为喝了点浓茶，整个人显得特别兴奋，思绪犹如脱缰的野马，辗转反侧，难以入睡。索性披上外衣，端坐案前，决心写点文字，把平时一些想说必说却没有说的话与你说出来。

中仁，大学毕业后你就进入到一家施工单位，先后干过班组技术员、班长、部门负责人等，直至目前的安全监察岗位。一路走来，在领导的关爱、同事的帮助以及自己的努力下，你变得成熟、沉稳、干练了。工作岗位让你成了一名光荣而又责任重大的安全监察员，我和女儿都因你而自豪。但这些不是我想要说的重点，作为你的“贤内助”，你的枕边人，只想跟你提提我的几点建议。

首先，你要时刻牢记肩头的使命。你是安全管理人员，我是社区工作者。我对你从事的安全管理不是很熟悉，但与你在一起时，“触电身亡”“事故通报”“一票否决”“安全学习”“春检秋检”等词汇的频繁出现，再加上这么多年来的耳濡目染，让我有了一个明确的感受，那就是：电是个好东西也是一个危险的东西、电力安全形势很严峻、电力安全工作十分重要、公司非常重视安全管理工作。

中仁，我相信，从事安全管理工作的都是责任心强、经验丰富、敢于担当的人。既然公司把你安排在安全管理这一重要的岗位，你就永远不要辜负领导的信任。你我夫妻这么多年，我认为你是我值得托付的人，嫁给你，我没错。但愿多年以后，公司领导也会觉得，让你当安全监察专职是对的。

其次，我劝你要用心去做事，用仁爱之心去履行工作职责。不是说“严是爱，松是害”吗？在生产现场，面对一些不遵守规章不按规程做事的行为，绝不能视而不见听而不闻，要及时指出并督促改正。无论他是谁，不要怕得罪人，必要时不妨把“尚方宝剑”亮出来嘛，莫做老好人，因为你现在所谓的好，万一真出了事故，那可是要害了人家三代哟。人命关天呐，中仁，那些奋战在一线的电力工作者，无论是正式工，还是临时工，每个人在各自的家庭里，都是上有老下有小的，都是家里的顶梁柱，出不得一丁儿事啊！你要像对待自家兄弟姐妹一样去督察他们、监护好他们，让他们规规矩矩地按制度按规程做事。你要清楚，安全管理严，才是一种真正意义上的仁爱。

中仁，我还想跟你说，随着一些新技术、新材料、新工艺的广泛应用，你们电力行业也一定涉及不少。而我们都是 20 世纪 90 年代初念的大学，几十年过去，很多知识需要我们去学习去更新。我知道，你也是一个爱学习的人。纸上学来终觉浅，绝知此事要躬行，所以，我觉得，很多事情，你不仅要入脑，而且要过手，不是说实践出真知嘛？更何况，你是从事安全管理的，自己都弄不明白，谈何去管好别人？中仁，你说是啵？

最后，我还想跟你提一条建议，那就是，要提高自己的执行力，对领导和上级的安排及精神要领会实质，不折不扣地去坚决执行，急难险重的工作要优先安排时间完成，要及时，莫拖拉。你所在的安全部门，事情多、人手紧，在力所能及的情况下你要主动承担，多作为。中仁，安全工作是一项群策群力的事情，日常工作中多与兄弟部门加强横向联系和沟通，求得理解和配合，以期更好地开展工作。不是说，众人划桨开大船吗？

中仁，和你在一起这么多年，我们互相学习，彼此促进，你心中装着我，我也把你放心上。和你在一起，我也差不多成了半个安全员啦。或许，我的这些意见和建议，你都已知晓，在你这里算是班门弄斧了，但你千万莫笑我知识浅薄，毕竟隔行如隔山嘛。我和所有电力员工的家属一样，都希望自己的爱人能平平安安，共度一生。

中仁，家里的事情有我在，你专心把公司的安全工作搞好，我甘做你的坚强后盾。

祝你：工作顺利！平平安安！

你的大宝：郭蓉

（郭蓉，国网宜昌供电公司徐中仁妻子）

回音壁

你的爱滋润我的心田

亲爱的蓉：

你好！

你写给我的信，我已认真阅读。

这年头，能读到用纸和笔写的信，实属难得！因为，用这种方式来交流，似乎只是上个世纪才流行的事。读完你的信，我百感交集，激动万分。

你的信，如春雷，读后为之一震。说实在的，以前总觉得你不是很了解我的工作情况，与你在一起，也少有聊及。然而，从信中所言来看，你对我的工作性质和内容都十分地了解，看问题是那么的精准，连处理起来也有一套。这我真的没有想到。原来，你一直是在默默地关心着我。你在信中所提及的几条意见和建议我全部接受，并将在今后的工作中努力加以改进，一定不负重托，牢记使命，潜心工作，搞好安全监察。

你的信，似春风，将我吹醒。多年来，我一直从事安全管理工作，经历得多了，自己身边也没出什么事故，慢慢地，思想上的安全弦也逐渐变得松了下来，抓安全管安全的劲头也不如以前那么足了。今天读了你的信，更懂了你的心。我决心，在以后的安全管理工作中，要以初学者的姿态，向曾姐、向主任等身边的先进人物学习，在日常工作中，高标准地严格要求自己，让领导和同事放心，也让你这个老婆大人愉悦。

爱，不仅仅是闲时的甜言和蜜语，也不单纯指生活上的悉心照料，有时，夫妻之间的严格要求恰恰就是真爱的最好体现，哪怕有的一时难以接受。你的信，更像是一场春雨。读完你的信，感觉字里行间，满满都是爱，深沉的爱、无形的爱，老公备受滋润！谢谢你，我的爱人！

说到我们的安全，我也想起你的安全。你在社区工作，每天要和各种各样的人打交道，在做居民工作的时候，也要注意安全，言语上不要让他人受到伤害，自己不要被别人伤害，保护弱势居民不受他人伤害。搞好居民区的消防管理。自己在上下班途中，注意文明行车小心驾驶……

老婆，你好我才能好，大家好才是真的好！安全驶得万年船，让我们一道，牢筑安全的防线，时时不忘安全，处处注意安全，事事一定能安全。

祝老婆：平安！快乐！

你的最爱：中仁先生

你认真讲安全的样子真帅

陶　晖

亲爱的雷：

在我这个年龄还这样称呼你，是不是很肉麻呢。我有多久没有写信给你了啊，遥远的仿佛已经是上辈子的事情了。

你还记得我写给你的第一封信是在哪一年吗？也许你已经不记得了，可我还记得呢。

那是我们刚刚恋爱后不久，1994 年的 12 月。在信中，我也是这样称呼你的。在我心里，你一直就是我的亲爱。

岁月更迭，我们一路磕磕碰碰走到了今天。

忘不了那个有星星的冬夜，我们穿着军大衣，踩着积雪，并肩走在熊家嘴变电站的巡视道上。

天气寒冷，我哈着气，搓着手，想快点回到温暖的主控室。你却不放过每一台设备。

你认真向我讲解安全重要性的样子真帅！也许就是从那夜开始，你悄悄走进了我的心里。

忘不了秋虫呢喃，我们围坐在值班室的主控台旁，一人手执一本书，各自沉浸在阅读的乐趣中。

你说：只有不断地学习，我们才能进步。我一直记得这句话呢。而且，在岁月的淬炼中，我更加明白：尤其是女人，更要不断地学习。

忘不了我们第一次去看电影的情景，从电影院出来后，路上迷雾笼罩，我坐在你的自行车后座上，紧紧抱着你的腰，此时天地间只有你我，你就是我的依靠。

忘不了你参加公司的安全知识竞赛，我坐在台下，一颗心跳动的比平时更快。我注视着台上穿着西服打着领带的你，那一刻，你英姿勃发，自信迷人。那一刻，我是骄傲的。

忘不了那个春天的清晨，我们相拥在河南信阳鸡公山的山顶，为一起看到了日出而欢呼，流下了激动的泪水。

更忘不了那个人间四月芳菲天，我披上了婚纱，成为你的新娘。

那一天，那一天啊，我们是世界上最幸福的新人。

每一对因爱而结婚的人都以为幸福生活从此开始了吧。可生活不是童话故事。

亲爱的，你还记得我们第一次争吵吗？那时年轻的我，喜欢文艺浪漫小资。不喜欢你经常加班出差，不喜欢你不能陪我，不喜欢听到你在电话里说：老婆，我今天要去安陆红石坡站检查。你一个人在家要好好吃饭哦。

我会不开心会发小脾气会跟你吵架。

而你每次工作结束回家后还要一脸疲惫、耐心地安抚我的小情绪。唉，我现在回想起来真为我的不懂事汗颜，谢谢你一直如兄如师如友般包容我。

那真是一段不堪回首的时光。

好在，在争吵中我逐渐懂得了你，在和解中我逐渐明白了你。明白了你懂得了你之后，我对于你这二十多年来无论身处什么岗位只有“全力支持”四个字。

同为电力人，我明白安全的重要性。

同为电力人，我们都要安全。有了安全，才有千千万万个家庭的幸福生活。

亲爱的，我写这封信时，正是九月初三夜，露似珍珠月似弓。

我心向明月。

你的晖

（陶晖，国网孝感供电公司）

回音壁

湖水荡漾我对你的情

灰灰：

我读你的这封信时，正在孝感电力培训中心的观音湖岸边。

湖水很蓝，柳树正绿。

我抬头看着碧蓝的天空，灰灰，我不怕你笑我，我使劲把眼泪忍了回去，没有让它流出来。

空气中有隐隐的桂花香。我的衬衣上也落了几粒桂花。望着湖水，我想起那年，也是秋天。你一个人跑到这里来看望我。当时我因为工作任务比较繁重，已经半个月没有回家了。

就在这湖边，我们坐在长凳上依偎着拍了张合影。

这张照片拍得不错，我们都很喜欢。

我们有多年没有好好拍过照片了。我总在忙。忙得忽视了你的感受和你的成长。

是的，成长。

你不再是刚结婚时那个时时刻刻要和我粘在一起的小女孩了。你也不再是那个见我要加班，忙得几乎没有时间和心情去哄你照顾你而生闷气不理我的女孩了。

你理解了我懂了我。这比什么都好。

时间过得真快啊，我们在一起已经二十五年了。有些事却仿若昨日。

我们认识在熊家嘴变电站，我们已经是彼此生命中最重要的人。

我一直记得你在主控室里读书的样子，很认真很好看，害得我总偷偷看你，不管我在哪个单位哪个岗位，你总叮嘱我注意安全，切不可大意。

你常说自己没有多少专业知识，但知道只有做好每件事情，才能和千千万万个电力人共同撑起一片蓝色的安全天。

灰灰，秋天的观音湖真美，你应该来看看。这次，我和同事们一起更换了培训中心的路灯。

新换的路灯款式古朴，灯光温暖。它们照亮了培训中心的每条道路，如黑夜里的星星。

好了，灰灰，就写到这里吧，字短情长，见字如面。

你的雷

整晚睡不着，祈祷你平安归来

徐红莉

瑞宁：

这好像是我第一次提笔跟你写信，思索良久，打开记忆的闸门，往事如潮水般涌来……

你可曾记得，我们是 1996 年相识于最偏远的赵河供电所。共事两年，你对工作的那份热情，对专业知识如饥似渴学习的态度给我留下了深刻的印象和好感，2001 年，我们在所有亲人朋友的祝福声中步入婚姻的殿堂。

你可曾记得，2002 年多少个日夜独自留下我和刚出生孩子，我的抱怨。年轻的你，感觉浑身上下都有使不完的劲，当时已经在网改办工作四年的你，走遍了全县的每一个村落，从可研规划到投资测算，从项目审查到物资计划，从工程开工到竣工验收，熬了多少个通宵达旦，初为人妻的我有太多委屈。

你可曾记得，2010 年你接任输配电工区负责人后，你那一头乌黑的头发已经发白了一半。接到重任，你也曾不安，当时输电工区担负着全县高低压的检修及抢修任务，安全生产压力大，你虚心向公司前辈学习，学习他们对安全生产工作的严谨，对工作的任劳任怨，你一丝不苟的工作态度得到公司上下一致好评。印象最深的是2013 年新建觅儿新型产业园，线路要迁改，新建线路架设的任务重、时间紧。那段时间你早晨五点半出门，白天你和同事们在炎炎夏日三十七八度的高温中奋战，晚上又和抢修队一起工作到凌晨，每天休息时间不足四个小时，作为你的妻子我也是经常整晚睡不着，祈祷你平安归来，因为我有太多的担心。

你可曾记得，孩子初高中升学考试你的缺席，我在武汉手术等着家属来签字，每年年夜饭家人的守望，远在河北的公婆期盼你的探亲，太多太多……

因为爱所以爱，你总是说你背井离乡来到这里，是企业给了你生活的保障，锻炼了你的业务技能，提高了你的管理水平，给你施展才能的平台，你要知道感恩。

因为爱所以爱，你勤勤恳恳，踏踏实实对人对事的作风令我钦佩，你积极向上，刻苦学习理论知识的精神令孩子尊重，你正直而朴实，热爱生活的态度令长辈们骄傲。

因为爱所以爱，你在闲暇时和我说，这辈子对孩子和家人有愧，我感觉到你在哽咽，我在同事口中听说你抢修被大雨淋得全身湿透时，不顾高烧继续奔扑下一个抢修工地，我在泪流。

城市的夜安详而甜蜜，转眼我们已经度过了十九年的美好时光。这种和谐源于像你一样有着共同目标的光明守护人，这源于你对安全生产的敬畏，源于你对每一项工作的严谨。你的工作要求安全第一，你总嫌我啰嗦，但我还是想借这个机会嘱咐几句，要注意安全，还要保证和你一起共事同事的安全。因为你们都是家庭的顶梁柱，每个人身后都有一个家，都有牵挂你们的妻子和依赖你们的孩子。

希望以后的日子里，为了所有爱你，关心你和信任你的人，为了我们相守的承诺，为了感恩给予实现你人生价值的企业，继续把安全生产，平安生活扎根于心。用实际行动保证自己的安全，关爱他人安全。

牵挂你的老婆

（徐红莉，国网黄冈供电公司张瑞宁妻子）

回音壁

感谢生命中有你的陪伴

亲爱的老婆：

来信收悉，在感动之余也倍感惭愧！

弹指间我们相识相知已有二十余载，从懵懂少年已入不惑，二十年间夫妻同甘共苦，举案齐眉；家庭幸福美满，安居乐业；女儿亭亭玉立，聪明伶俐。蓦然回首中，我只有深深的感恩，由衷的感谢，永久的眷恋，感谢生命中有你的陪伴，生活中有你的关爱，工作中有你的支持！

亲爱的老婆，你辛苦了！结婚时我无房无车，还是在公司宿舍里接你进的门；结婚时家庭困难，也没有为你大操大办，这些你都没有计较，婚后家里全部交给了你。不管是柴米油盐酱醋茶，还是家长里短；不管是孩子上学考试，还是辅导功课；不管是老人生病住院，还是走亲访友，都是你。我虽然无以言表，但都铭记在心。由于一直处在生产岗位，尤其是进入基层单位后，陪你的时间更少，家务重担全部留给了你，年头忙到年尾，节假日也不得闲，几次定好的度假计划都悄然取消，只能让你陪着父母孩子去玩，可你从来没有责怪，抱怨与不满，谢谢你的理解与宽容！

亲爱的老婆，你的孝顺叫我感动！我的父母来自北方，不同的语言、不同的生活习惯、不同的价值观念，在你面前都迎刃而解。父母每次来都是你忙前忙后，买衣做饭，每当我看到父母吃得那么香，笑得那么甜，说的那么开心，父母常常说我是哪辈子修来的福气，能娶到这样美丽优秀贤惠的妻子！

亲爱的老婆，在工作上我能听从指挥奋力争先，在生活中却有愧于父母妻儿，人家说陪伴是最长情的告白，可我缺位了父母床前的尽孝，缺位了女儿成长的陪伴，缺位了节日的团聚，好在以后的路还很长，我会用我的真诚、忠厚、担当守护好我们幸福美满的家！

老公：瑞宁

伸手扑空梦中人，遥寄夫君一片心

陈丽君

亲爱的兵哥哥：

祖国的七十周年生日来了，我们共同为祖国庆生后，你又要出远门了。对于我，这又该是一次漫长的等待吧。

仿佛昨天你才从高原腹地、荒漠沙海出完任务回来，今天就又要去我在地图里都找不着边的远方……

成为你的妻子，“等待”成了我人生中最重要的任务。它是我们感情里最痛苦的部分，却也是最饱含希望的部分，这个希望与美好总会来临。这个过程，如同等待太阳从黎明前的黑暗中突围，从东方的海平面缓缓升临，曙光映照着漫天的云霞，弥漫于天际，让世界逐渐明朗。生活有远方的日出，也有你赋予等待无穷的力量……

离你上一次出远门还不到三个月，这三个月是武汉最热的天气，你在部队里忙得更是热火朝天。其实你在忙什么我也不知道，也不敢问。但是我知道，祖国的生日，作为军人你们一定要为祖国七十周年大庆做各种准备。所以真正相聚的日子用指头扳着数是完全足够的。很多时候视频电话都打得匆忙，你我在一起的日子就显得更加弥足珍贵。我不怪你，我是军属，保家卫国也有我的一份责任与义务。

分隔两地的日子里，你一有时间和机会便会与我分享那远方极不一样的风景。你会向我描述那里冰山万里，寒冷不已；兔子如老鼠般小，鸟儿比老母鸡还大；晚上八九点的天还是亮堂堂的，惊叹大自然的神奇。有次电话那头的你语气欢快激动，有些迫不及待要告诉我什么惊天新闻的样子，我正疑惑这孩子是不是冻傻了呢！原来，你看到了特别美好的流星，你说“这么美的景象，我就是第一时间想跟你分享！”我瞬间哽咽了……因为信号特别差，你无法视频与我分享这辈子可能不会再见着的景象，但是你的言语却带给我无尽的想象。电话那头的你一定以为我听故事听得很带劲吧？其实电话这头的我，内心戏都够拍半部电影了。你能跟我分享生活的美景，说明你还是安全的！你还是好好的！这一点，比什么都重要！在这个和平的年代，渺小的我比任何时候都更加希望国泰民安。我深知，唯有如此，我们的小家才能延续温馨……

这一次你又会去哪里，去多久呢？这一次你可以吃得饱些、穿得暖些吗？作为一名党员，我更感军属的那份责任与自豪，因为祖国多一份你们守护而更加强大。作为一名妻子，我始终如一支持你的抱负，更祈祷你保重身体，平安归来。七十周年，我们共祝祖国生日快乐，共享祖国的繁荣富强，望一切安好！

妻盼夫归复问时，一月又来一月轮。
恍惚尔影身旁伴，伸手扑空梦中人。
流星划过你营帐，携满寄语传千里。
幻景尤美泪光照，有感更期国太平。

爱妻：陈丽君

（陈丽君，湖北电力实业公司）

回音壁

让清风白云捎来思念与关爱

敬爱的妻子：

今年，历史注定不会平凡。祖国七十周岁、世界军人运动会、中国空军七十周年……作为军人的我也较以往更加忙碌，上高原、进荒漠、驻长江……接连不断的任务，让我们分隔几地。即使地理的距离将思念的线越拉越长，但我们将爱情的蜜却越熬越浓。谢谢你的相守，谢谢你的体谅。

在天寒地冻、大雪纷飞的雪域高原，我不曾退缩；在风云变幻，黄沙肆起的塞北大漠，我不曾畏惧。让我始终放不下的还是你的身体状况。你一忙起来，除了工作，似乎其他皆可抛。你用自己的实际行动一次又一次地诠释着成功不必有我，但成功一定有我的那份情怀。我感谢你的组织对你的熏陶，让你做什么事都很认真，都愿意竭尽全力，让我深深体会到作为一名共产党员的先锋模范形象。这些优秀的品质时刻激励着我向你学习，遇事能够拼尽全力，尽善尽美。

然而，你这个太追求完美的性格也让我担心你的身体。一次次的废寝忘食，伴随着一次次的透支健康，导致现在的你抵抗力差，易过敏，易感冒。病动不动就来折磨着你，也深深地刺痛着我。由于我的职业原因，让你独自承受的太多，生病不能陪，心烦不能伴，疲惫不能靠……日积月累的亏欠，待到相聚时定当一一弥补。你总说单位的领导都很照顾你，请代我向他们转达谢意，让我远在塞外多一份心安。

不久，我又将离开有你的城市，开赴未知的地点。在分开的日子里你一定要照顾好自己，多回家让妈妈给你炖汤喝。另外我要嘱咐你，从家里出去的时候要多注意水、电、气、窗有没有关，家里钥匙有没有拿。出门之前对应的完成一项蹦一下，最后数数自己蹦跶了几下，加强你那鱼脑袋的记忆（哈哈）。我会让蓝天、白云、清风做我们的信使向你传达一切美好、幸福、期盼与祝愿……真心希望你好，身体好，心情好，工作好……

以最佳的状态为祖国庆生，待我归来！

远行有路，归程有期。

娇妻深情，君郎谨记。

大国小家，都会尽力。

愿您安好，注意身体。

你的丈夫：邓辉

我帮你多亲亲熟睡的孩子吧

庄　艳

亲爱的老公:

中秋节快乐!

惊不惊讶?惊不惊喜?没想到吧,我会给你写信!在这个信息时代,电话、微信、视频拉近我与你的世界,但是我们两个人的世界还是会因为距离感到那么牵挂。写信或许也是一种寄托、一种回忆、一种对美好生活的向往吧!

老公,遇见你是我一生的选择,我到现在都不知道自己选择是不是正确的。又是一个中秋节了,这是我们结婚的第十个中秋节了,你没有陪我过上一个。每逢佳节倍思亲,看见天上圆圆的月亮,听见别人家里传出的欢声笑语,我心里就像打翻了五味瓶,不是个滋味。好想好想你能陪伴我,在我身边度过每一天。黑沉沉的夜里我连软弱的权利都没有,也不能让一滴眼泪落下,因为孩子需要我,父母需要我,这个家需要我。盼啊!盼啊!好不容易盼来了短暂的相聚,一个电话你又接到任务出发了。看见你眼里愧疚的眼神,我也没有了责怪你意思,只希望你在施工一线务必安全,我和孩子在家等着你回来。

看着熟睡中孩子,我回想起当时在我怀孕临产在医院,苦苦等你从施工现场赶回来。看见临床病友全家人团聚在一起,等待新生儿时的激动和快乐,我默默地流下了泪水。晚上看见你风尘仆仆地赶来我心里多么激动,看到你被我妈妈拦在病房外奚落的表情是那么的无奈,过后你还是笑眯眯跑进来陪伴我。其实我不怪你,看见你我就开心了。当我进产房时,你激动地跑来跑去,像个孩子样,最后还激动地要去上厕所,简直比我还要紧张,搞得一旁小护士笑翻了。我知道你一直等待这一刻的到来,这也是我的期望。我知道你是个对工作、对家庭负责的人，我就是喜欢你这个对我、对家人、对工作负责的态度，有时候还觉得挺可爱的。这个时候我帮你多亲亲熟睡中的孩子吧，她睡得很安详。

看到这样一句话：好的婚姻不是要成为彼此的拖油瓶，而是能彼此搀扶着一起走。已经不记得多久没记录过我的心情、我的感受了。时间很快，不知不觉我们又分开了好长时间了，我也开始不太喜欢记录这个没有必要记录的时间。每当夜幕降临的时候，我就特别想念远方的你，不知道你在新的环境中适应不适应、不知道你有没有照顾好自己、不知道你工作累不累、不知道你晚上是不是也在想我。我觉得自己越来越坚强，我能做很多自己以前不敢想象的事了。家里照顾孩子、照顾父母、换换灯泡、通通下水、家里琐事还有邻里争论些鸡毛蒜皮的小事，我想这就是生活吧！

时间，让我慢慢明白在“失联”的日子里你是如何在努力，为了自己的成长成熟，为了我们的未来美好生活，你一直在奋斗。看着我们结婚照，我们都不再年轻了。尤其是你，头发越来越少还夹杂些许白发。时常和你电话中了解你晚上经常加班，工作中和别人争论，老公，你辛苦了，你要注意身体啊！你身体不是很好，记得吃药啊。每次我和你电话时都是我提醒你你才吃药。你工作有危险，自己要注意安全，你做事的时候要想想家里还有我和孩子，我们娘俩就希望你能平平安安地回家。你是我们家的顶梁柱，你要身体棒棒的，安安全全的每一天。

前几天我看了一篇诗歌《致橡树》，有几句特别适合我现在的心情。我写给你看看：我必须是你近旁的一株木棉，作为树的形象和你站在一起。你有你的铜枝铁干，我有我红硕的花朵，我们分担寒潮、风雷、霹雳；我们共享雾霭、流岚、虹霓。不仅爱你伟岸的身躯，也爱你坚持的位置，足下的土地。

永远爱你！

老婆：庄艳

（庄艳，国网湖北送变电公司吴叙卓妻子）

回音壁

每次离开都带来长久的思念

亲爱的老婆：

你好！

收到你来信我确实又意外、又惊喜、又感动！我想这是我收到最特殊、最有纪念价值的一个礼物了。

我的每次离开都会给你带来长久的思念。我知道，这不是你想要的生活。每次临出门时，你的千叮咛万嘱咐，还有孩子的依依不舍，我都记在了心中。为了这个家庭，为了你们更好的生活我还是走出家门来到施工一线。你们是我最亲的人，你们的嘱托我会记在心里，因为我爱你们。细细地回想，这十年来一起走过的日子，我的世界都是工作，而你的世界却只有我，我欠你一个合格的丈夫；我们要了孩子，我从未照顾过孩子，我欠她一个称职的爸爸；年迈的父母我更是很少陪伴，我欠他们一个孝顺的儿子。

现在施工现场条件已经很不错了，吃、住、行都非常好，你也不用太担心。现在我担任施工队长的职务，工作比较繁忙。管理现场施工、安全、质量、进度，每天都要和许多人打交道，他们也非常尊敬我。我的工作确实有许多危险，只要严格按照规章制度工作也是没有问题的。其实我现在这个工作还是非常有意义的，给我也带来很大成就感。我参加了许多特大工程，为国家、为四化建设也做出了许多贡献，为千万家带来光明我感到很自豪。人一生总要做点什么，虽然我做得非常辛苦，也确实对不起你们娘俩。我知道我太忙，对家人又不够细心，让你柔弱的肩膀挑起太多的重担，我只能在短暂的回家时间里多为你分担分担生活琐事，用我真诚的心去感动你。

如果你是一颗木棉，那我就是你身边的橡树；我要永远站在你身边，不管狂风暴雨我们都会紧紧相依。根，紧握在地下；叶，相触在云间。仿佛永远分离，却又终身相依。

永远爱你！

老公：吴叙卓

两次难得的相聚，都在医院

夏 帅

亲爱的老公：

你好！今天是你的生日，我想你应该早就忘记了吧。

你出差已经多日，家里一切都好。虽然已经入秋，但气温还是居高不下，你最怕热了，在一座座铁塔间穿梭你一定挥汗如雨，记得带瓶水在身边。你一忙总是忘记喝水。

这一座座铁塔就像是你多年的老友，隔三岔五你就要去看看它们。塔基是否“敦实”，塔身是否还“健壮”，导线上有没有“不速之客”，通道里是否一马平川，这些才是你最在意的事。

此时此刻，也许你正在高空擦拭瓷瓶，或更换导线上损伤的部件，也许正在地面清理长高的树木，阻止外力破坏事件的发生。二十一年来这些事情你不厌其烦地重复再重复，默默干着这份平凡的工作，为保障电力通道的安全忙碌着。

作为妻子我看着你从青年迈向中年，从普通工人成长为技术骨干，你的每一步成长，每一个进步我都为你高兴。

不过老公你知道吗，有一件事情我曾经很不高兴。2014 年 6 月我们的女儿即将出生，你对我说：“我要出差了。”我说：“这个月我就要生了，你怎么还出差？”你回答：“你的预产期不是月底吗，这次检修任务很重，你知道的我们六队是刚刚成立的班组，青年职工很多，我是副班长，我要带着他们干不能缺席，这次检修结束了我就没有出差任务了，我保证陪你！”看着你一脸的执着，我只有同意，并默默祈祷宝宝能如约而至。但是你走了，我心里空落落的。

也许是老天爷在考验我，6 月 11 日你出差后的第五天，早上 6 点我感觉有些腹痛，心里暗想不会是要生了吧，预产期可是月底，宝宝你怎么这么着急，你爸爸还没回来呢！我给你打了个电话，你安慰我说“别慌，赶快去医院，我的检修任务正在收尾，工作一结束我马上赶回来！”。

早高峰的武汉车水马龙，我和母亲拿着生产需要的大包小包拦不到的士，也挤不上公交，亲朋们都远水解不了近渴。

半个小时过去了，我的肚子越来越疼，大滴的汗珠从额头落下，我们站在街边手足无措。老公你知道吗，当时我真的是绝望了，自家的车停着却不能派上用场。我在心里埋怨你千百遍“为什么需要你的时候你总在出差！”幸好一位开车路过的邻居为我们解了围。

当我和女儿从产房里出来的时候已是中午，你一身熟悉的工作服，出现在我们面前，鞋上、裤脚上全是泥土，在你挂满笑容的脸上我看到了一丝疲惫。

你握着我的手轻声说了一句：“老婆，辛苦了！”。此时，心中的万般埋怨已烟消云散，同为电力人的我，怎能不知道你们工作的艰苦和重要。

女儿出生后我们的小家开始忙碌起来，家里也增添了更多的乐趣。

不变的是你依然忙着巡线、检修、保电。你也有提前回来的时候，但是给我带来的不是惊喜而是惊吓。因为那是你的肾结石发作，被同事强行从现场拖回来的。我们又一次重逢在医院，这一次躺在病床上的是你。

所以老公，在外风餐露宿你要多注意身体，每一次你出差，我和女儿都会在家里默默期待你平安回来，女儿等着爸爸回来送她上幼儿园，为她讲故事，陪她做游戏。

现在她五岁了，每次看到路边的铁塔都会指着它激动地说：“我爸爸在上面走线！”一脸显摆的样子。孩子是一颗童心，但是她的言行正好说出了作为家人，我们为你所从事的职业而感到自豪。

老公，我希望你无论是做重复一百遍的工作还是大型的检修，心中都要牢记安全，想好再下手，事事都要做到位，再忙碌也不能省略掉任何一个小细节，安全工作的背后是我们全家幸福的笑脸。

祝夫生日快乐，工作顺利！

妻子：夏帅

（夏帅，国网湖北检修公司）

回音壁

用实际行动为祖国祝福

亲爱的老婆：

你好！生日我还真的忘记了！休息之余我一口气读完了你的来信。字里行间都是你和孩子对我平安归来的期盼，我已感受到了这沉甸甸的爱，它们将成为安全工作的动力，你就放心吧！

老婆，这次的国庆节保电任务我们完成得很漂亮。我用实际行动为祖国母亲七十岁生日送上了自己的祝福，我觉得这几天心里很舒坦。后面我们还有军运会的保电任务，我也会一如既往地坚守在一线，相信你一定还是我最坚实的后盾，让我们一起为盛世中国而努力吧！

祝老婆永远美丽！

老公：郭勇

在我心里你还是那个阳光大男孩

陈　丽

亲爱的老公：

你好！

“欻——”我猜你肯定不认识这个字。这个字念chua，对，就是那个拟声词。欻～欻～欻～，时间过得真快，你有没有回忆一下这是我们认识的第几个年头？二十二年！我们从高中同窗起已经认识二十二年了！吓不吓人？反正我想起来是吓了自己一跳，我的心里总觉得我们还是青葱少年。虽然你的头发日渐稀疏，我的皱纹也爬上了眼角，可是和你在一起的时候总觉得自己好像还是刚认识你时的十六七岁。不知不觉间一起走过那么多个年头，我们成了真正的上有老下有小的中年人。

过去从来没有担心过会生病的我，不知道什么时候开始有头疼脑热，就万般爱惜自己。不是别的原因，而是越来越觉得自己身上的担子越来越重了。相信你一定也有一样的感受，我们的身体不只是我们自己的身体，是我们这个家庭的，还没长大的孩子需要我们，日渐老去的父母需要我们，我们彼此还需要相伴面对困难、分享快乐。

你知道，我是麻醉医生。对安全的重视早已深入骨髓，医疗安全无小事。每天，在我这里做麻醉的病人把他的生命都交到我的手上，我怎么能马虎！现在想想以前你在孝感供电公司一线生产岗位工作的时候，每天出门我们互相叮嘱注意安全，你没有下班回家我就开着灯等你回来，只有你回家了我悬着的心才能放下来。那时候你回家总是用很轻松的口气和我说“老婆，我安全到家啦！”你的专业我不是很懂，但我知道电力生产一线是高危行业，一定不轻松。安全是你我工作的底线，是我们共同追求的目标，狭隘一点说，是为了我们自己家庭的幸福，往大一点说，可不就是为了千家万户的幸福吗？

2016 年你从孝感供电公司调到省电力公司技术培训中心工作，本以为不在生产一线工作了，安全的压力就没有了。但去了你单位几次之后，我心里知道，安全仍然是你工作的主题之一。你常对我说，“实训现场就是生产现场”，我也了解到“学员安全”“实训安全”“设备安全”仍然是压在你们培训师身上安全重任。你在部门分管安全工作，我相信你有电力一线安全生产经验，比别人更能深刻体会“安全”二字的分量，你一定可以胜任并出色地完成任务。

亲爱的老公，安全是我们工作和生活中一切一切的基础和前提。愿你不论是在家庭生活中还是单位工作中，对安全问题一定要“重视重视再重视，仔细仔细再仔细”。

亲爱的老公，你永远是我和孩子的牵挂，更是我们这个小家的顶梁柱，有了你的安全我们全家才有幸福。

妻子：陈丽

（陈丽，国网湖北技培中心张伦妻子）

回音壁

没发生一起麻醉事故，棒棒哒

亲爱的老婆：

你好！

真没有想到你会写信给我，在信息交流如此便捷的今天，你用这样的方式和我反复叮嘱安全问题，体现了你对“安全”二字的敬畏。

没记错的话，这是结婚后你第二次给我写信。上一封信还是五年多以前，那时我还在孝感供电公司工作。2014 年 4 月我作为工作负责人带领十几名班员在 110 千伏新河变电站智能化改造的现场施工，住在变电站一个多月没有回家。你托人带了一封信给我，信中最后一句话我至今还记得“注意安全，我和儿子等你平安回家”。

你常对我说“外科医生治病，麻醉医生保命”。作为一名麻醉医生的家属，我当然知道安全二字对你来说意味着什么。手术台上维持病人生命体征的平稳是你们的职责，病人手术期间的安全掌握在你们的手中。你的心跳血压常常随着手术过程中病人的心跳血压波动，病人的安全牵动着你的每一根神经。从医十多年来，你完成手术麻醉数千例，没有发生过一起医疗事故，我真心为你感到骄傲。

如果说保护病人的生命安全是你们麻醉医生的天职，那么保护学员的安全和设备的安全则是我们培训师的天职。每天我们和几十甚至上百位培训学员打交道，操作各种设备仪器仪表，传授他们安全生产方面的技能。安全是我们培训工作的前提，更是我们严格恪守的底线。

亲爱的老婆，我分管部门的安全工作，我知道自己肩上的责任很重，因为我所做的工作不仅关系到自己的安全，更关系到培训学员和设备的安全。“不忘初心，牢记使命”，我不会忘记自己工作的初心，更会牢记自己为维护单位维护人民群众生命财产安全的使命。

亲爱的老婆，请你相信我，我一定会牢记你的叮嘱——不论是在家庭生活中还是单位工作中，对安全问题一定要“重视重视再重视，仔细仔细再仔细”。同时也请你在生活和工作中面对安全问题时“小心小心再小心，谨慎谨慎再谨慎”。

愿平安和幸福能永远陪伴着你和我。

文夫：张伦

从爱到恨，再到爱到理解

韩昌丽

亲爱的老公：

咱俩从 2013 年 8 月 31 日相识、相知、相爱到现在已有 6 年 1 个月零 10 天，在这 2230 个日子里，我对你从陌生到了解，从爱到恨再到爱到理解，我深深地了解到一个电力工人的艰辛与职责……

刚认识你时，认为你们是垄断企业，高薪酬，朝九晚五，是人人羡慕的铁饭碗。到后来才知道，你们的工作是多么危险、多么辛苦、多么不为人知。作为你的妻子，我恨你，因为你只知道忙于工作，以至于孩子出生的当天耽误了到医院，让我们的孩子遭遇到生命危险；因为你只知道忙于工作，让我度过了人生中最难忘的一个除夕夜，让我抱着 15 天的儿子在嘤嘤的啼哭声和泪水中迎来了新年的钟声；因为你忙于工作，在你点亮万家灯火的时候，自己家却停了电……

作为你的妻子我也爱你。我深知作为电力工人身上的责任和担子，每当你的电话响起，只要是跟工作有关的，你都会立刻出去。你可能辜负了家庭太多，但这也让我看到了你的担当。你对我的抱怨和埋怨回答的不多，只是默默忍受。慢慢地我理解了你，知道了“有大家，才有小家”，每一次的电力故障都可能会危及人身安全，你们是在与时间赛跑；风里来雨里去，无论严寒酷暑，风雪漫天，你们都无畏前行。

作为你的妻子，我无时无刻不担心你的安全，电是无形的，是看不见摸不着的，每当看到有安全事故发生，有人受伤流血，我都会非常害怕。我希望你在带给别人灯火通明的同时，也要照顾好自己的安全，我和儿子每天都会等着你，等着你平平安安下班回来。

你的妻子：韩昌丽

（韩昌丽，国网湖北客服中心朱胜龙妻子）

回音壁

你独守产房的担心害怕，我永远不忘

亲爱的老婆：

你辛苦了！多少个日日夜夜，你担心流泪，为我难眠，我深知愧对你、愧对孩子、愧对这个家庭。如果不是我忙于工作，一再拖延时间，就不会让我们的孩子遭受生命危险，当孩子胎心监护猛然间降到“0”时，当手术完医生告诉我孩子脐带脱垂，再晚送来半个小时孩子可能就保不住的时候，我内心是害怕的，我不敢再往后想了……

我们一家人的第一个除夕夜，我接到电话出去抢修，留着你和 15 天的橙橙在家，那种初为人母的担心害怕，我是永远无法忘记的。

孩子一天天地长大了，当你告诉我我没在家孩子问我去那里，你说我去抢修，孩子会说：“爸爸怎么又去抢修了”，当孩子告诉我：“爸爸你注意点安全啊”，我的眼眶湿润了。

谢谢你一直以来的付出和理解，我常说“干一行，爱一行”，没有你的默默支持，我也不能安心的工作。当我出去抢修的时候，我会时常提醒自己，有老婆孩子在家等着，自己要注意安全，我也会告诉我的同事们，注意安全，晚上回家还有老婆孩子等着热热闹闹地喝酒吃饭。作为一个一线的电力工人，我们有着自己的职责，虽然有时辛苦一些，但看到万家灯火通明，我们的付出都是值得的，有大家才有小家。

爱你的丈夫：朱胜龙

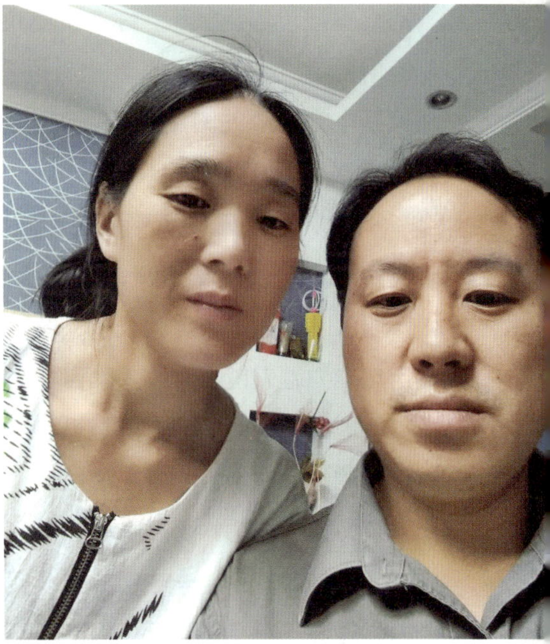

须谨记“善骑者坠，善水者溺”

柯巧玲

向涛：

马斯洛理论把需求分成生理需求、安全需求、爱和归属感、尊重和自我实现五类，依次由较低层次到较高层次排列。安全需求是人的基本需求之一，我国在《安全生产法》中第一条就明确规定“安全第一、预防为主、综合治理”，掌握安全技能和知识，已经是各行各业从业者最基本的素养之一。从我人生经验总结，我认为保证个人安全，必须做到以下几点。

首先，不论对于新旧事物，都要保持始终如一的工作态度，要牢记四句话：谦虚谨慎，循规蹈矩，如履薄冰，有条不紊。接触新事物，千万不要自以为是，要虚心遵从老师傅教导，熟悉操作步骤、特别要认清危险点并能采取正确防范措施，严格按实践检验、正确的程序来办，勤奋钻研，牢固地掌握操作方法。对于熟悉的事物，入手也不可掉以轻心，一定要像最初接触新事物一样谨慎，始终牢记“敬胜怠”。你在供电企业工作也有二十多年了，积累了丰富的经验。但俗语道“善骑者坠，善水者溺”，人们对于熟悉的事物总是会麻痹，通过对大量电力事故的案例分析表明出自老员工的案例不在少数，所以越是熟悉的事物越要小心谨慎。

其次，对于天意不可违或能力之外的事，不要冒进，一定要量力而行。像风力大于五级、极度寒冷或 37 度以上高温的恶劣天气条件，就要坚决停止室外作业。常言道“人定胜天”，但更要“天人合一”，现在随着科技发展人类改造自然能力越来越强大，人类自身必须得限制对自然的索取和改造，由于人性的贪婪，地球上的很多地方已是千疮百孔，有价值的资源被人类采掘一空，不能为更久远的年代提供资源，无法做到“但留方寸地，留于子孙耕”，难以为继。没有未来，谈何成功？所以唯有靠良好的社会秩序、制度和自身良知，才能自发地顺应自然规律，不能一味粗放式发展而不顾可持续的问题，不宜逆天而为。人的能力是能够不断经过挫折后积累经验，思考、改进再反复练习而一步一个台阶逐步提升的，按阶段按步骤循序渐进，而绝不是大大超出能力范围冒险、异想天开的靠“开挂”而得。

再次，要知道“隐患险于明火，防范胜于救灾”的道理，从事任何事情，必须认清各种危险因素、然后采取措施加以预防。任何事故的发生都是意外引起的，所以要尽可能将可能发生意外考虑周密。作为一线工作人员，一般多从事危险系数较高的工作，所以法规都确定此行业一线作业人员必须具备特种作业操作证，这是一条红线。关于安全常说“人命关天”，一旦危及生命财产的安全事件发生，社会组织都会千方百计地去救援以求减少损失，稍大一点事故，国家和地方各级政府都会不惜任何代价去弥补损失，但若将防范措施做得更严密一些，对防范要舍得投入，因为事前预防投入一分，则比后续发生不利后果后带来的损失将节省数倍甚至不计其数的人身财产损失，所以凡事重在事前有备无患。

最后，要正确处理速度、效率与安全的关系，既注重速度、效率也兼顾安全可靠，这就要在工作中多多积累经验，多思索如何改进，努力做到每天都要进步一点，尤其工作上中在保证安全稳妥的前提下提质增效。

没有安全而使人伤亡或致残，企业无从谈起可持续健康发展，人生便无从谈起幸福。特别是我和你共同组建的这个家庭要能够长久保持幸福快乐，必须是你在工作中时时砥砺奋进，时时注重健康。请你记住以上我说的几点。

此致

敬礼！

妻：柯巧玲

（柯巧玲，国网神农架供电公司）

回音壁

身体无病痛、心灵无纷扰是人生最好的安全

巧玲：

来信刚刚已读过，我会牢记你对我工作中安全的叮嘱，一切工作都要遵守“安全第一、预防为主”的基本准则，认真学习，懂得本职工作中的安全知识，掌握安全技能，在工作中时时保持安全意识，避免发生任何安全问题，让领导满意，让家人放心。

就家庭生活当中的安全，在此也要对你提出以下几点“要求”。

首先，是家务活劳动中的安全。要注意干活累了就休息，做到劳逸结合。在日常生活中少受磕磕碰碰，对于洗碗、洗衣、拖地等需要数分钟才能完成的家务活，一定要记着：弯腰不如下蹲，下蹲不如矮坐，拖地、扫地、搬重物等需弯腰的活少做，防止腰肌劳损。

其次，日常起居安全，没事了不要经常坐着玩手机、看电视，防止用眼疲劳。久坐易伤身易生病，要经常起来走一走、站一站，多活动筋骨切忌四肢不勤。俗话说坐要有坐相，站要有站相。“君子站如松、行如风、坐如钟”，在什么位置就要做什么事情，是床就要纯粹地去发挥睡眠功能，不要在床上看书、看电视和玩手机，若在床上久卧难眠就要赶快起身活动一下身体。沙发上要坐正，不要经常像个瘫痪病人似的直不起腰，不能没精打采的四肢无力半躺着，就像“葛优躺”，那样会严重损伤脊椎和身体其他机能，易让人懒惰、沉沦直至颓废。

当然，家是一个让人放松的地方，不要看得太严肃，偶尔懒散一下倒也无妨。

再次，是要注意食品安全，要尽量用新鲜食材，不可总是仰仗冰箱贮存。不要总是上街一次买下几天才能吃完的食材，最好只买够用当天的食材，尽量避免将食材放到第二天以后使用。每天每顿饭菜有多少人吃、需要多大量要心中有数，不要总是留下残羹冷炙，不要总是依赖冰箱贮存。对于腐烂变质的食物一定要果断扔掉，一些瓜子、水果等食物不要久放，水果只要有一点腐烂就要将整个坚决扔掉，米面、大豆、花生凡出现霉变要坚决不用。烹调的菜肴油盐和香料不要过量和种类过多，其实一些菜肴只要掌握正确的火候和放适量的油盐葱姜蒜也是非常可口的，调味料和添加剂不要贪大求全，不论菜肴多么可口都要控制总量，宁食不足不饱一分，防止身体臃肿，人生哲学之中有“知足常乐”，同样也适用于一日三餐。总之，不要食用过烫、过咸、过油、过霉的食物和汤水，天长日久很容易引起身体病变和不适！

疾病重在预防，现在绝大多数人都忽视了在平时对健康投资，结果病倒了却大把大把将金钱付给医院靠事后解决，这完全是倒行逆施，其实，事前防病保健、增强自身免疫力是要远远小于病后看医生投入的时间、金钱和精力的。身体无病痛、心灵无纷扰是人生最好的安全。人这一生，不论经历多少波折，只要平安我就心满意足。毕竟人这一辈子，没有谁能一帆风顺地活到老的，能够活到老的人就是成功的人生。

此致

万安！

夫：向涛

安全是幸福的“保险”

陈久慧

夫:

每次你一骑摩托车，我就会唠叨:“把头盔戴好”“骑慢点”。这是为你好，也是对家人好。这实际上就是要你注意安全。

说起安全，这是一个老生常谈的问题。电视上、网络上，关于安全事故的报道并不少见。我们现实生活中，也有活生生的例子。不少的人缺乏安全意识，不规范操作，或者存在侥幸心理，导致了惨痛的教训。希望你能引以为戒。

安全第一，生命至上。安全关系你我他。我们要人人讲安全，提高安全意识，遵守安全规则，才能防患于未然，可以说，安全就是给幸福上的一道“保险”。

你记不记得，有一次，在外面吃饭喝了点酒，你还骑着个摩托车，晃晃悠悠的，还笑着说带我们母子回去。儿子和我看到你那样子都不肯坐，我是和儿子走回去的。你应该懂得儿子和我的行为是对你不讲安全的强烈抗议。

再就是你骑车不喜欢戴头盔，总觉得麻烦。一问你怎么又没戴头盔，你就用“搞忘记了”“戴起感觉不舒服”来搪塞。这其实也是安全意识淡薄的表现。儿子在学校听了道路安全知识的讲座后，都警告你骑车要讲安全，引用宣传标语“不戴头盔等于慢性自杀”来教训你。好在儿子发飙后，你有所改正。

骑车要讲安全，走路要注意安全，开车就更要遵守交通规则。你开车的安全行为还是好一些，“喝酒不开车”“开车就不喝酒”这你是严格遵守了的，值得我们为你点赞，但我仍然要提醒你，开车的时候还要注意控制速度。你有时候开得也还是有点快，你应该没忘记，儿子和我时常在车子里对你说“看嘛，又开快了，慢点！”

不管是骑摩托车，还是开小轿车，你都应该遵照规定，安全驾驶。不要想着，怕交警拦你，怕监控拍你。遵守交通讲安全，都是为的你自己，而不是为了应付交警。你安全，家人也幸福。

你的安全就是给家庭幸福上的一道“保险”！

久慧

（陈久慧，国网恩施供电公司）

回音壁

把幸福箍得牢牢的

妻：

读了你的来信，心里感到有阵阵暖流在流淌。我知道你关心我，爱着我，非常感谢你对我的叮嘱。

你关于讲安全的话语时常在我耳边响起。我知道你是真的重视安全，敬畏生命。我为有你的时刻提醒感到幸福和自豪。

在翻看抖音时，经常看到一些交通事故的视频，我都会看上好几遍。看着那些惨痛的事故教训，让人悲痛，扼腕叹息，也在不断地鞭策我提高安全防范的意识。

在儿子的作文《爸爸，我想对你说》中，我喝酒骑摩托车的事被写进作文，

让我触动很深。我觉得自己确实要遵守规则，也要给儿子树立榜样。更让我心生感动的是，我们在外参加聚餐时，别人给我倒了酒，儿子就会偷偷帮我把酒藏起来或者干脆“命令”我“你不许喝”。就冲这些，我都感觉到幸福爆棚，促使我纠正不良的安全驾驶习惯。

我开小车的时候，还是很遵守规则，比较小心。就是有时候觉得路况好可以跑快点，大意了一些，放松了对自己的要求，没有顾及家人的感受。以后一定要注意改正，真正地做到安全驾驶，幸福你我他。

安全的确是我们幸福的“保险”。感谢妻子和儿子对我满满的爱，我一定认真遵守，把幸福箍得牢牢的！

爱你的丈夫

THE THIRD VOLUME

第三辑

永远的牵挂

殷殷嘱托是十指连心的牵挂

舐犊之情就澎湃在儿女心中

从蹒跚学步到顶天立地

每盏灯都是你儿时的眼睛

唯愿孩子们

高高兴兴出门　平平安安回家

我一直默默注视你

韩永全

汶仲吾儿：

见信好！

这应该是我写给你的第一封信吧。提笔时，万般滋味涌上心头。从你求学直至走上工作岗位，我们每天能见面的时间很短，感觉对你亏欠太多……

离你10月6日的生日还有3天。在24岁这个人生最多姿多彩的年龄，爸爸第一次以这种古老的方式为你送上这份特殊的生日礼物。也不知道你是否会以“家书抵万金”的心态去用心收下爸爸的这份礼物。在我生活的年代，车马确实很慢，对于书信我也许有着更多的情怀。而你生活在科技高度发达的今天，对于爸爸这样的交流方式，你能用心感悟用心接收吗？

24个春秋，我看着你从嗷嗷待哺到活蹦乱跳，从喃喃自语到滔滔不绝。这是身体的成长，更是心智的成熟。

还记得你和我的第一次冲突吗？当时的你充满了叛逆、对抗、幼稚与无知，我们在一起谈了好久，才了解了彼此的想法。今天，我能看到你的稳重，你的担当，你的朝气，你的奋斗，收获到了你身上满满的正能量，心中甚慰。你能明白父母所有的喜怒哀乐都是对你的爱吗？！儿子，你终于成年了！

古时候的成年礼，是二十岁把发髻梳起来，叫做“及冠”。现在你一头清爽的短发，我只能给你写一封信，分享为父多年所想，提出一些日后的期望，作为你迟到的成年礼礼物。

你是一个坚持理想努力奋斗的青年。电力工作是一件常人无法理解的艰巨工作。不会有意外的收获，更不会从天上掉下馅饼。如今看着你成为一名优秀的国网员工，穿上带电作业“黄马褂”，戴上青安先锋“红袖章”，发明改革“小神器”，还作为军运会保电队员即将出行，相比同时入职的86名新员工，你已经非常努力。从你取得的成绩，我看到了你的优秀，我为你自豪，为你骄傲。“有心人，天不负，披荆斩棘，百二秦关终属楚；有志者，事竟成，卧薪尝胆，三千越甲可吞吴”。我希望你对自己再狠一点，静下心来，认真总结这几年的所学所悟，看得更远、更宽，在专业学习上不断进步。

你是一个忠诚善良孝顺的青年。当你因救助遭遇车祸老人获评单位“道德模范”称号时，我知道你有着“善良之心”；看着你经常通宵达旦在一线解决技术难题时，我知道你有着“敬业之心”；看你扎根偏远供电所，努力提高基层安全生产水平时，我知道你有着“担当之心”；入职两年的你参加全省技能比武带电作业项目获得三等奖，参与武汉军运会隐患排查，主动加入夜间抢修时，我知道你有“拼搏之心”。你做的事情越来越多，你和我的言语却越来越少。古成大事者，都难免要经受忠孝难两全的考验，其实对父母的“孝”和对祖国的“忠”并不矛盾，工作要做，家庭也要顾，有小家才有大家，我们爱工作的同时还要爱生活。对我而言，多年来重心都放在工作上，对你关心不够用心不足，这是我的愧疚。家庭幸福是我一生追求，这是我的期望。在对待家人的态度里，往往藏着一个人最真实的人品。生而为人，要有孝心，行善要及时，岁月从不饶人。希望你在这方面不要向我学习，谦虚谨慎避免大男子主义倾向。

你是一个有责任重担当的青年。你们现在正是早晨八九点钟的太阳，24岁，正是人生的黄金时段，血液里充满了青春的活力，思想里蕴藏着无限的生机，在这样的时候，希望你更加坚定自己人生的奋斗目标，把电力事业当作你前进路上的一座灯塔，尽管在走的过程中，可能会遇到各种困难挫折，但只要目标坚定，用勇气、信念和智慧担当起肩头的责任，就一定能担当起家国重任。

2019年，喜迎祖国母亲七十岁生日。我们国网公司在祖国母亲的怀抱里也必将快速发展。上阵不离父子兵，我们同在国家电网的日子屈指可数，在余下的路上，希望你和我一起撸起袖子加油干，父子同心展新篇。

你要树立敬畏之心。我干了太长时间的安全生产工作，看得多了，感触也多。

安全事故离我们永远只有一步之遥！这不是危言耸听，天津港特别重大火灾爆炸事故带给我们的伤痛尚未平复，江西丰城电厂安全事故警钟声犹在耳。作为一个父亲，我看到你在生产一线的每一点进步，我希望你建功立业，更希望你健康地活着。安全有你有我有他，安全为你为我为他。

你要强化安全意识，不能因为我们宜昌电网多年的安全稳定运行就忘记了电力是真真正正的高危行业；不能因为自己没有近距离目睹安全事故，而觉得事故离我们很远。

你要强化技能培训，苦练过硬本领，增强安全技能，用责任心为安全筑起一道坚固的防线。遵章是幸福的保障，违纪是灾害的开端，现在的你有理想有冲劲是好的，安全意识一直比较强，安全技能也在逐步提升，但毕竟工作年限短，认识尚浅，只有真正在内心深处对我们从事的职业、岗位、职责充满敬畏，才能肩负起应该承担的责任。

你要克服浮躁之心。成绩只是起点，要知道“厚积薄发”“欲速则不达”的道理。事业的进步，先走后走是时间问题。能走多远，则是自身水平能力的问题，要始终把目光放在自己身上，这样才能走得更稳、更踏实。安全工作贯穿于生产、生活的全过程，每一个岗位、每一道工序、每一项工作都不容出错，稍有疏忽就有可能给国家、企业和个人酿成终身遗憾。成绩使人振奋，成绩也可能使人大意。你万万不要做志得意满的粗心人，要一步一个脚印，稳扎稳打，做到名实相符，做一个“隐患处处提前防，安全时时有保障”的细心人。

你要保持坚韧之心。放下你的浮躁，放下你的懒惰，放下你的三分钟热度，静下心来好好做你该做的事，做到持之以恒。凡事都离不开安全，希望你做任何事都要以高标准、严要求去做，切不要因为困难大了就放弃，坚决不做图省事怕麻烦的懒惰人。在逆境中保持一颗旷达坚韧的心，以空杯心态去学习、去汲取，不断去挑战自我。

你要常怀感恩之心。感恩，是一个人最起码的修养，感恩，是一个人最真诚的表现。希望你懂得感恩，感恩我们的企业，感恩带你的师傅、身边帮助你的同事以及家人朋友们，以实际行动严格履行我们对生命的责任，对企业的责任，对社会的责任，做个厚道之人，努力工作、安全做事。

汶仲吾儿，此时的我坐在灯下，想把内心对你所有的牵挂、祝福与希望全部倾诉于你，突然就想起了龙应台的那几句话，突然就想起了朱自清笔下的父亲，想必我也会像很多父亲一样，会一直默默地注视着你，坚定地送你出征，然后再安静地等你凯旋吧。今天你读到的文字仅仅只是父亲的只言片语，但希望你读懂的是父子情长。

汶仲，让我们一起珍爱生命、珍惜亲情、关注安全，在保证安全的前提下实现你的价值，绽放你的芳华！

永远爱你的父亲

（韩永全，国网宜昌供电公司）

回音壁

长大了要努力成为您那样的人

敬爱的老爸：

您好！

收到了您的来信，很激动更备受鼓舞！

您知道吗，从小我就看到您在家挑灯夜战学安规，并一直奔波在一线工作现场，后来才明白您从事着电力安监工作。后来慢慢长大了，发现您依然是无论春夏秋冬，无论严寒酷暑，哪里有重大抢修任务，您都会尽快赶赴现场。

记得有一次我问过您，为什么要坚守在那里。您跟我说，抢修是为了尽快恢复居民供电，而您在现场坚守，坚守的是抢修人员的安全。您对安全工作的一丝不苟一直激励着我，您对工作的态度是我学习的方向，您的一言一行也都深深地影响了我。从那时起，我就想着长大了一定要努力成为您那样的人。

如今我参加工作已经两年多了，经历了很多，也学到了很多。但您对安全工作的态度，一直牢牢记在我心里并深深地影响着我。无论是设备更换还是临时抢修，我都一直坚持着安全第一的初心。在每一次的施工现场，我作为工作负责人，在完成现场工作任务的同时更要保证现场施工人员的安全。我思考着现场的安全措施是否充分，谋划着对现场危险点进行严格把控，面对违章行为坚决制止，对违章人员进行严肃批评。有时候个别施工人员会觉得我有点苛刻，做事情太死板，太不近人情。可是这不近人情的背后，却是最大的近人情。安全从来就不能打折扣，它坚守的是现场施工人员的安全底线。

还记得2008年汶川地震，老爸您主动提出申请，成为单位抗震救灾突击队的队长，积极奔赴地震灾区。今年军运会保电，我也主动提出申请，成为一名光荣的保电队员，即将赶赴武汉保电区。我将发扬"特别能战斗，特别能吃苦，特别能奉献"的"宜电铁军"优良传统，在军运会保电重大任务中贡献自己的力量。

您放心，在以后的工作中，我会时刻记住您的教诲，树立敬畏之心，强化安全意识、增长业务技能，从内心深处对我们所从事的职业、岗位、职责充满敬畏，肩负起应该承担的责任。我还要克服浮躁之心，保持坚韧之心，常怀感恩之心，一步一个脚印，在逆境中也要保持一颗旷达坚韧的心态，用实际行动严格履行我们对社会的责任。

我十分感激有您这样一位父亲能在生活和工作中不断地指导我、帮助我、鼓励我。让我想起了宋祖英的那句歌词，"长大后我就成了你……"非常荣幸能和您一起从事电力行业工作。在以后的工作中，我将会以您为榜样，更加努力地工作，在保障安全供电、守护万家灯火中实现自我价值，绽放青春芳华！

爱您的儿子：韩汶仲

爸爸不善表达对你的爱

吴　忠

亲爱的女儿：

秋高气爽时节，周末闲在家，像往日一样走进你的卧室打扫清洁。窗外弥漫着桂花的迷人香气，清香飘进你的卧室，忽然想给你写信。也许你会笑话老爸，现在是信息时代，电话、QQ、微信……与你交流的方式很多，写信这个传统古老的方式过于陈旧，但是在新中国七十周年大典之前，决定用书信这种最原始、质朴的方式和你说点什么……

从为人儿到为人父，你的到来给了我很多的启迪、思考和欢乐。父爱如山，厚实又如此深沉，作为男人，爸爸不擅长表达对你的爱，但是天底下的每个父亲，都有一个让儿女依靠的宽厚肩膀，承载着满满的爱。在你委屈、疲惫、撒娇时爸爸的肩膀永远是你停靠的港湾。

国庆将至，孝感东站每晚举办庆祝新中国七十周年文艺展演，文化中心在大家的期盼中对市民开放。公司举办各种形式的迎国庆的活动，朋友圈刷爆的五星红旗等等，到处洋溢着欢度共和国生日的节日气氛。每当夜幕降临，大街小巷灯火通明，每当漫步在五彩缤纷的夜色中，每当看到东站前的群众欣赏精彩节目时，我都为我们是国网人感到无比的骄傲和自豪，是我们驱散黑暗守护

光明，带来精彩生活。我们是中国人、是国网人，只有祖国繁荣富强、企业蓬勃发展，才会有现在的幸福。希望你珍惜现在拥有的一切，学会感恩，爱国爱企，爱岗敬业。

安全这两个字，普普通通，却是沉甸甸的，重重地压在我们每一个电力职工的肩上。我们不会忘记、不敢忘记，不能忘记那些用鲜血和生命换来的教训，写出来的规程。每当学习电力安全事故简报时，爸爸心中总会升起一种不安，给自己敲警钟。你从小在蜜罐中长大，但是你工作后不娇揉不造作不懦弱，跟男同志一样登杆下工地，还记得你登杆的照片刊登在电力网 APP 上，爸爸才感受到你是我家的“女汉子”。你刚入职在云梦配电工区担当配电专责时，出去工作时经常告诉我，今天会去什么地方，做什么工作，我的心时刻为你悬着。每次你在电话中报平安和回到家，我有一种说不出的安心和幸福。即便是你现在调回孝感工作了，偶尔的下施工现场，我还是会担心、总是在心里祈祷：平安地去、平安地回。爸爸知道你在工作中时刻紧绷着安全这根弦，严格要求自己。你牢记安全规程，爸爸也多次在安全知识竞赛上看到你的身影，但是理论知识一定要运用于实践中，许多大事故的起因往往是对一个微小常态事件细节的疏忽，而正是因为麻痹，对细节的忽略，引来严重的后果。所以在工作中你一定要注意到每个安全细节，严格遵守安全规程，杜绝违章，以饱满的精神和热情、认真的态度对待每一项工作。

爸爸今天还是要啰嗦对你提出一点要求：第一，不断提高自身的专业知识能力和思想业务素质，具备丰富的专业知识和责任重于泰山的安全意识，你在安监部门，平时工作中要从严要求自己，敢抓敢管，大胆制止施工现场的违章行为，果断解决问题，发现问题，及时整改。第二，要有敬业精神，工作中做到专心、细心、耐心，要有忧患意识、责任意识，发现隐患及时整改，把事故扼杀在萌芽状态。第三，你平安我幸福。安全是一种责任，这不仅关乎我们单位，更与我们的小家息息相关，只有我们快乐在一起，才是完整的家，家才是温暖的。

安全只有起点没有终点，希望你坚守平凡的岗位，以平常心做平凡事，成为电力系统闪闪发亮的螺丝钉！

爱你的老爸

（吴忠，国网孝感供电公司）

回音壁

我一直在努力让自己变得更优秀

帅气逼人的老爸：

相信您看到此封回信，跟我收到来信时有一样的疑惑“今天的太阳是从西北方升起的吗？”真的是又惊又喜，白日梦都不敢这么做。我一点也不会觉得“信”是一样过时的东西，相比现在的种种电子信息，我更喜欢用写的方式来表达，大概是我 18 岁的身体里住着一个 68 岁的老灵魂吧。

我们沟通极少，我完美遗传了你“说那么多干嘛？做就是了！”的静音模式性格，但我知道你很了解我。“爸爸”这两个字从小对我来说就是一个功能词，

“爸爸，我要这个！”“爸爸，腿摔断了！”“爸爸，不想上学！”对，爸爸就是我的许愿池，连币都不用投。而在家里的地位，你永远是第三，还好咱家不养宠物。你永远听我使唤，除了学习，从没要求过我什么。现在长大明白啦，这是一个男人对家的爱，男朋友得照着你这样的找。

读书的时候你老嫌弃我学习不好，还要我复读，我誓死不从，凭什么你自己飞不动就下个蛋让她使劲飞，为什么大人们总是以学习成绩定一个孩子的好坏，这点我一直不认同。后来误打误撞跟你一个单位工作，我决定“复仇”，以至于工作后每一件事我都会把自己逼到极致！你总跟我谈安全，上学路上注意安全、大学一个人在外面注意安全、作业现场注意安全。结果工作后跟“安全”再也没有分开过，从安规到工作负责人，从班组到安监部，现在，杆子是不用爬了，肩上的安全压力却越来越重了，但你放心，我内置最强责任“芯”。

不知不觉我都工作6年了，要说不累也不太真实，你这个过来人也不会相信。这6年里，我的发际线上调了1厘米，再看看你的“地中海”，我知足了。我们见面很少，感觉没几眼，你们就老了，心里不是滋味，真不想你们头发都白了还在为我创造更好的条件而拼命。

很多朋友都挺羡慕我，有一个好的生活环境、好的工作，还有个好爸爸。确实，单位都是你老同事，“这是那谁谁的女儿”似乎成了我的一个标签。我经常被告知“我是他们看着长大的”，不管是生活还是工作，都有着他们的关心照顾，让我少走了许多弯路。在这么多双眼睛的注视下，我不敢有半点懈怠，只能对自己狠一点再狠一点，因为，我怕丢了你的脸，我一直在努力让自己变得更优秀，希望未来的某一天别人介绍你的时候会说“这是吴彤的老爸！”

我说不出什么好听的话，你也应该习惯了我的没心没肺，“爱你、想你”这种话应该是这辈子都难得听到的。祝你身体健康、长命百岁！

最后一句，作为您的女儿，我很骄傲，就像作为一个中国人那样的骄傲！

天才美少女

保电网安全是融入爸爸生命的一种信念

何　健

欣欣宝贝：

见信好！

岁月不居，时节如流。白驹过隙间，爸爸在电力行业工作快 31 年了！而你也从一个牙牙学语、张开双臂欢迎我回家的小丫头，转眼间读大三了，这让爸爸有“何家有女初长成”的欣慰。你出生长大的这二十年，是见证爸爸所在电力行业发展壮大的二十年！在新中国成立七十周年之际，在你二十周岁前夕，爸爸书信一封，跟你谈谈心里话。

首先要感谢你二十年来作为电力子弟对爸爸工作的理解和支持。又逢国庆长假，爸爸妈妈真心欢迎你回家。但很遗憾，在这举国欢庆的时候，我又不能像“别人家的爸爸”一样陪你和你妈妈一起游览祖国大好河山，这不仅仅是因为我是公司负责人，也不仅仅因为我是一名中国共产党党员，只是因为我是一名在岗的电力工作者，在这样极具历史意义的庆典时期，我必须和我的电力兄弟们一起为人民群众保电，为祖国妈妈庆生站岗。

作为电力家属，你和你妈妈已经习惯了我无数次的食言，因为安全履责重于泰山。节假日保电、周休日跑作业现场督导安全是我的工作常态，别人家的爸爸可以带着孩子四处亲子游，我只能发几张长阳贺家坪覆冰抢险、支援江西抗冰抢险、猇亭风灾抢险的照片向你们报平安，不让你们多挂念。我们电力人是电网卫士，保供电安全、点燃万家灯火是职责使命，也是融入爸爸生命的一种信念。

欣欣我儿，尽管爸爸节假日不能陪伴你，但当你漫步在宜昌万达江边欣赏对面磨基山上的火树银花夜景，请记住，那里有爸爸和爸爸的电力兄弟们日夜坚守保电的身影，那是我们守望城市、护佑安全的眼睛，因为有电的地方，就有光明，才有希望。这是爸爸从另外一个层面给你讲关于人生的第一点建议，那就是无论处于什么时期，在做什么，时刻记住，责任是第一位的。

其次，要谢谢你在学业上的努力。在你高考完拿到华科通知书的那一刻，我为你真心骄傲，你出自兴趣爱好而确立高考目标从而奋力直追最终得偿所愿的样子，像极了爸爸的个性。当我为比你大两岁的新分大学生上安规培训课时，我就想，几年后你也要奔赴工作岗位。所以我是以一名单位负责人名义，更是以父辈师傅的角色，为新进大学生们讲安规。在宜昌公司“青安先锋”活动现场，我给青年人讲安全生产“反措”典型案例，希望他们对电力事业是发自内心的热爱，从而自主把安全生产基础知识、专业技能学扎实，学习成长为电网作业尖兵，具备守土有责的能力，保一方电网平安，保自身平安。这是爸爸从另外一个层面给你讲关于人生的第二点建议，那就是无论今后从事什么职业，在何岗位，请记住，爱你所爱，保持学习能力，勤练本领，这是安身立命之本，也是防范人生跌入低谷时能及时反弹的保险绳。

最后，要谢谢你淡定从容的乐观态度。你长这么大，从来没有因为我常年奔波在工作现场连一次家长会都没有开过而生气扯皮，从不为小事烦恼，这种淡定、乐观让爸爸暗自欢喜，因为这会使你在面临各种挫折时保持好的心态去面对。近两年，关于大学生、高知人才在社会上受意外危害的新闻报道不断，作为一名父亲，我为你独自在外求学不时感到惴惴不安。你现在正值青春年华，既面临求学的压力，也有交友恋爱的正常社交，还有作为社会自然人与形形色色人群接触的潜在危险。作为父亲，我希望你即便身处象牙塔，也要明白自己正身处社会一隅，要具备最起码的个人安全防范意识。我们电力员工关于安全生产有“四不伤害”要求，同样送于你共勉。但你可能要说，那万一受到伤害怎么办？这就是爸爸要从另外层面送给你人生的第三点建议，就是无论在什么时候，遇到什么事情，除了生死，都是小事。要学会防范伤害，更要学会及时止损，保持身心健康，才能享受精彩人生的入场券。

以上三个人生箴言，就是爸爸送你的生日礼物，希望我的欣欣宝贝，学业有成，梦想成真。我此生最大的愿望，就是在你的每一个生日，都有你发自内心的笑容，一家人幸福安康在一起！

祝宝贝学习进步，开心每一天！

父：何健

（何健，国网宜昌供电公司）

回音壁

您的关爱我收到了

父亲：

您好！

收到您的来信的那一刻，我的心跳不禁为之颤动。一直以来工作繁忙的父亲为何突然来信？当我带着好奇、不解与探索的欲望点开它阅读时，您的长篇文字冲击我的眼球，蓬勃的情感蔓延进我的内心深处，我的嘴角控制不住地有了上扬的弧度。无法按捺心情的我甚至冲动地向同学们自豪地展示这一段段有着您特有的中规中矩文风，却又不乏深沉大爱的文字。

在平时的生活中，我见到的爸爸是一个乐于助人、热情善良、有勇有谋、爱国爱党、勤劳刻苦，在学习和体魄锻炼上永不懈怠、自我要求极高的坚强男人。爸爸的一言一行，为我和我们的整个家族以及亲朋好友们树立了学习的榜样与前进的动力。就在今年的国庆节，您又没能陪我，仍旧坚守在国庆保电岗位上，居然在工作中发现山火，与同事、村民及时消除了火情隐患，让我既为您担心，又感到自豪。因为有爸爸在的地方，就会安全无比。我感觉您就是一束光、一团火，为党和人民发光发热，能成为您的女儿，是我人生非常幸运和值得骄傲的一件事，我无时无刻不为自己有这样一位父亲感到自豪。

谢谢您在繁忙的工作中依旧能抽出空，在生活和学习上关心我帮助我，我一定努力学习好好奋斗，不辜负您的期望。不求未来有多么成功多么伟大，但一定像您对我的期望一样，做一个对社会、对党和国家有贡献的人，一个大写的人！您告诉我的“四不伤害”，我会牢牢记在心中，一定会在各种情况下时刻注重自身安全，不让家人为我担忧。

祝您工作顺利，安康快乐！

女儿：何嘉欣

在你展翅翱翔的时候，不要忘了安全

刘海艳

亲爱的女儿：

工作还顺利吗？累不累？我和爸爸都很关心你。现在通讯发达了，虽然我们能够每天分享照片、随时问候，但终究还是碎片化的言语，好久都没有以书信的形式和你好好交谈了。你参加工作以后，我们能见面的时间如流水般短暂。你身在供电公司工作一线，每天和电力设备打交道，你又是个女孩子，所以我和爸爸一直很担心你的工作安全。

女儿，时时刻刻要记住安全第一。俗话说，儿行千里母担忧。平安是我对你最大的期盼。还记得刚上班的时候你经常打电话给我，分享你又去了哪个新的变电站，学会了哪些新知识。妈妈一边为你积极的工作状态感到高兴，一边又默默担心你的工作安全。

你说公司经常进行安规考试，你背安规背得头都大了。但是妈妈想跟你说，一定要牢记安规，遵守安规，这样才能让你在工作中警钟长鸣，遇到不同的情况也能冷静处理。如今，你的专业知识积累得越来越多，工作越来越得心应手，妈妈得给你提个醒，不能因为工作熟练而投机取巧走捷径，一切都要按安规来。离开了父母、老师的怀抱，你展翅翱翔的同时，不要忘记关心自己的安危。

女儿，无论如何家人永远都支持着你。人心都是肉长的，有谁不想念自己父母？但我知道当你选择投身电网事业的那一刻，就意味着你成为电网稳定运行的守护者。你正处在为国家、为企业出力的大好年华，虽然有时候在节假日你经常值班，经常不能放假、休息，我们也难得在一起团聚，一起拉拉家常，一起外出游玩，像别人家一样享受家庭团聚的快乐，但是爸爸妈妈从来都没有怨言，都能理解、支持你在电网的工作，你说是吗？

女儿，要勇敢地面对困难和挑战。虽然你经常去的变电站都是在农村乡镇里，乡下的工作环境差、路途又遥远……从小在城里长大的你可能不适应。但是，我们知道这些困难都难不倒你，因为我知道你有一股不服输的劲儿，而且你还是一名共产党员，是一个思想上进、永不服输，对工作负责任的人。人生的路不可能直道而行，但你要有明确的方向和不断向前的勇气。

这封信寄予着家人对你的思念和牵挂。爸爸妈妈企盼你每天都能高高兴兴上班去，平平安安回家来。让安全伴你时刻，幸福伴你一生。希望你工作顺利！平安喜乐！万事顺意！你永远是最棒的！

此致，祝儿平安！

爱你的妈妈：刘海艳

（刘海艳，国网襄阳供电公司）

回音壁

你们永远是我坚强的后盾

亲爱的妈妈：

展信佳。我工作一切顺利，平安无恙。我也很想你和爸爸，你们身体还好吗？家里最近有没有什么新鲜事跟我分享？

看到妈妈给我写的信，我非常感动。在这个世界上应该没有人会比您二位更加关心我。我的工作、生活你们都不用担心，虽然你们永远把我当成没长大的孩子，但我已经是能够独立生活的成年人了。

我知道你们一直很挂念我，担心我的安全。我每次下乡都是跟着师傅们一起。我们干活都是长袖工作服、绝缘鞋、安全帽一样不落整整齐齐地穿戴好，运行人员也会提前布置好安全措施，开工作业执行标准化作业流程，工作负责人在班前会上会认真交底，班后会上会认真检查总结。在这个固化的流程中，我早已养成了谨守安规、绝不违章的良好习惯。你们能想到的安全隐患，电力安全规程里都写好预防措施了。放心吧！我会好好遵守的。之前看到过一句话“安全是生命的延续、安全是亲人的安康、安全是家庭的幸福”，重视安全不仅仅是为了我自身的安全着想，更是为了我们一家人的幸福。爸爸妈妈的叮嘱我记在心里了。

从小你们就对我关怀备至，如今我长大成人，你们依然是我坚实的后盾，是我避风的港湾，是我寒冷时的暖炉。但我也要从你们的怀抱中慢慢离开，去追求自己的理想。投身电网事业是我自己的选择，我时常为先进劳模们的爱岗敬业而惊叹，也经常被身边师傅们的兢兢业业所打动。入职以来，每当心情低落，感到工作枯燥无味，抱怨加班没有假期的时候，我都会问自己：你还记得自己的初心吗？第一天上班时的踌躇满志，对专业知识的如饥似渴，对事业发展的美好憧憬都忘记了吗？

爸爸妈妈，入职这两年来，我成长得很快。工作上，我学会了谨慎踏实，重视安全，不断积累专业知识；生活上，我学会了独立自主，修身养性。相信你们也见证了我的成长。

以后的日子里，我会谨记父母教诲，把“安全”二字刻在心上，认真细致地对待每一次工作，锐意进取，勇敢地面对挑战和困难。我在这里一切都好，无需惦记。你们二位也要照顾好自己，等我下次回家陪你们一起吃饭，面对面聊天。

祝愿爸爸妈妈身体健康，幸福快乐！

此致

爱你们的女儿：沈梦雪

无危则安，无缺则全

肖　游

亲爱的儿子：

从你出生至今，你一直是我们的“工作”重心，全家人对你寄托了许多期望，希望你能够平安健康地成长，现在你成功毕业并进入国家电网，老爸恭喜你，也非常开心。

你可能会非常诧异，为什么老爸突然会给你写一封信？因为从你小时候开始，老爸总是会给你强调“安全比什么都重要”的思想。虽然现在你长大了，进入了社会，但是社会上有太多的安全隐患，以后你会独立面对社会，面对工作上的一些危险，所以你需要学会规避危险和自我保护。现在我就将我的安全经验分享给你，希望你牢记。

“无危则安，无缺则全”，安全意味着没有危险且尽善尽美。安全状态是客观的，是不以人的主观意志为转移的。安全作为一种属性，必然要依附一定实体，当它依附于电时就是用电安全。我们把可能发生意外释放的能量或危险物质称作第一类危险源，就比如你常去的变电站里，运行中的变压器和其他的设备都有一定危险，但是不是说它们就一定会发生安全事故。第一类危险源只决定了事故后果的严重程度，它具有的能量越多，发生事故后果越严重。什么决定事故发生的可能性呢，就是第二类危险源。概念上讲，它是造成约束、限制能量和危险物质措施失控的各种不安全因素，是事故发生的必要条件，包括三点：一是物的不安全状态，比如变压器过载温度过高，就可能发生危险；二是人的不安全行为，比如去变电站不遵守安规，就有发生触电的危险；三是管理缺陷，比如安全管理和宣贯不到位，有人做出危险行为，现场管理人员又不及时制止，也很可能发生危险。

理解了安全方面的一些概念后，相信你已经有了一些想法。作为国网的一员，不接触危险源是不可能的，这是我们的工作性质，也是国网人的付出和奉献之处。所以，我们要在避免第二类危险源上做足工作，老爸在这里给你提两点要求，希望你一定记住并做到：首先是牢记安规，它是我们公司对安全生产的首要要求，每年的安规考试就是很好的机会，要认真对待，并且做到时刻遵守安规。其次是巡检设备时，做到认真负责，不放过每一个细节，排除了设备风险，才能保证设备安全运行，保证人员财产安全。

怎么样，老爸是不是啰嗦了点，感谢儿子听我“老生常谈”，最后祝儿子节日快乐、生活幸福、学习进步、工作蒸蒸日上！

爱你的老爸

（肖游，国网武汉供电公司）

回音壁

期待看到你为我骄傲的目光

亲爱的老爸：

儿子收到你的信件，惊喜之余是感动！记得上一次写信还是在小时候，你教我识字时，我说要给你写封信，于是你教我写下了：“我的爸爸，我是你的儿子，我爱你”这几个简单的字。这封信你保存了很长很长的时间，一直舍不得丢掉。不过现在想来两个大老爷们这样子挺不好意思的。顺便说一句，我完全没有觉得你啰嗦，相反觉得你说的内容非常重要，字字珠玑，向我提的要求我一定会做到的！

从刚开始工作，公司和身边的同事们就经常向我强调安全的重要性，这次去山东培训了两个月，老师首先就给我们系统、详细地讲述了公司安全方面的知识，现在我就把我学到的部分知识给你分享一下，还请老爸检验下我掌握安全知识的程度。

安全文化的核心是人，我国安全生产工作经过长期的实践，在倡导“以人为本”的今天，积累出“四不伤害”这一宝贵经验，即“不伤害自己、不伤害他人、不被他人伤害、保护他人不受伤害”。它突出了以人为本的安全工作核心，是“安全第一、预防为主、综合治理”这一方针的具体体现。

一是不伤害自己，作为刚参加工作不久的员工，首先就是要做到这一点。保持正确的工作态度及良好的身体心理状态，保护自己的责任主要靠自己，掌握自己操作的设备或活动中的危险因素及控制方法，遵守安全规则，使用必要的防护用品，不违章作业。二是不伤害他人，现在我还有很多不熟悉的活动、设备、环境，在这些情况中应该做到多看、多问，先沟通协商再做，避免影响他人安全。三是不被他人伤害，提高自我防护意识，保持警惕，及时发现并报告危险，拒绝他人的违章指挥，即使是我的领导所发出的，这也是“十不干”条例里所说的，牢记不被伤害是我的权利。四是保护他人不受伤害，发现任何事故隐患都要主动告知或提示他人，提示他人遵守各项规章制度和安全操作规范。这次我们在山东还学习了如何进行溺水急救、触电急救、接绳结等等安全技能，这样一旦发生事故，在保护自己的同时，还能主动帮助身边的人摆脱困境。

国庆节已过，天气也在慢慢转凉。你和老妈记得多穿衣服，别着凉了。最后也祝老爸节日快乐、身体健康，越活越年轻！

爱你的儿子

在援藏中磨砺自己

郭丹斌

飞飞：

儿子你好！

转眼之间，你去参加西藏阿里电网联网工程已经两个月了，我们十分想念你。

在许多人眼里，西藏是一个神秘又艰苦的地方，而你们所在的拉孜地区平均海拔 4010 米以上，是世界屋脊的屋脊。你离开家乡去那么遥远的地方后，我和你妈妈的脑海里又多了一个“熟悉”的城市坐标——西藏拉孜县，嘴巴上多了一句口头语——在西藏那个伢晒黑了吧？

我们总想象着西藏拉孜究竟是一个什么样的地方呢？只要电视中播放有关西藏的新闻，我们总会格外关注。我有时还会趴在家里的地图上，拿起放大镜在地图上测算着西藏到湖北的图上距离。当得知西藏气候出现变化时，就忍不住为你担心。

儿行千里父母担忧。你去西藏一周后，我和你妈妈怕你吃不消不适应，常常念叨着你吃得怎样、住得如何，但通过和你视频通话，听到你说单位伙食和生活条件都挺好，我们就放心了，也为你能适应高原生活感到高兴，在这里还是有几点嘱咐，希望你能记在心里。

珍惜荣誉。给任务就是给荣誉、给任务就是给锻炼。参建西藏工程，为祖国西部发展贡献一分力量是难得的荣誉。不是每个人都有机会去参加，也不是每个人都能适应西藏的环境气候。既然你参建了西藏工程，就要珍惜组织给的这份荣耀，不辜负组织对你的信任和重托。

胸怀大爱。怀着情怀和大爱工作，才会有激情和干劲。你是党员又是复转军人，应该把部队的光荣传统和军人的优良作风带到新的岗位和工作中，爱本职，爱集体，爱西藏这片美丽的土地。同时，要勤勉努力，谦虚向同事和领导请教，学习业务知识，注重搞好团结，做岗位上的明白人。

常想安全。安全是立业之基。要有大局观念，做任何事之前，都要考虑一下会导致什么后果，造成什么影响。要保持向上、向善的理念，对法规对大自然要心存敬畏。在干好工作的同时，要学会照顾好自己，不要打疲劳战，要学会承受和化解生活工作的压力，自己健康平安，不让家人操劳，就是对父母最好的报答和孝敬。

飞飞，你虽然已经长大成人，在父母眼里却永远是孩子。上面讲的这些道理你应该都明白，希望你能入脑入心，我们期待你在雪域高原有新的进步和收获，我和妈妈及家里一切都好，你不要挂念，放心去工作吧！

爱你的爸爸：郭丹斌

（郭丹斌，国网湖北送变电公司郭晖父亲）

回音壁

爸爸妈妈，扎西德勒

敬爱的爸妈：

你们好！

来信收悉，谢谢二老的关心，我会谨记你们的教诲。

这里，被誉为“光明最先照耀之顶”；这里，晚上八点天还亮着；这里，有“十里不同天，三分钟一变脸”的气候；这里，连感冒也要被当作大病来治；这里，还有迷人的风景，更有和谐友爱的集体；这里，有设备齐全的医疗站，有如家一般温馨的生活环境；这里，是西藏拉孜县阿里工程包（3）项目部。

阿里联网工程，特殊而重要。作为入职一年多的新人，我的工作经验和对行业了解还不足。我负责党建宣传，面对全新的工作环境和内容，无论是思想还是身体都面临着一定挑战。

即便如此，我也不能懈怠。每次翻开公司的荣誉史册，内心涌动着自豪。作为电网建设和运维抢险的中坚力量，在“汶川地震救灾”“抗冰抢险”藏中联网施工以及各种急难险重任务中，公司勇挑重担，全面展示了“特别能吃苦、特别能战斗、特别能奉献、特别能负责任”的鄂电铁军形象。还有那一串串献身电网建设事业的闪光的名字，立起了一个个先锋高峰，让我肃然起敬。

敬爱的爸妈，单位前辈们把青春献给了电网建设，电网也赋予他们不一样的人生。一路走来，我目睹和感受了送变电人内心深处的风景，那里的平凡与伟大，孤独与血性构成了鲜活而丰富的精神答卷。而作为一个经历了多年军营熔炉淬炼的复转军人，眼前的困难又算得了什么？

8月7日，当走下飞机踏上这片神奇的土地时，我像许多初来高原的人一样头疼，呼吸和睡眠困难。经身边“老高原”传授经验，刚来西藏不宜洗澡，不要进行剧烈运动，要学会“慢生活”，我一一照办，这样心怀忐忑地过了一周后，终于适应了高原生活。

从上级机关到项目部，对安全工作都是十分重视。项目部组织了系列安全和高原健康常识培训，让我对高原和安全工作有了更加深刻理性的认识，那就是要敬畏自然、尊重科学规律，不能蛮干。在今后的工作中，我将一步一个脚印做好本职工作，传播党的温暖关怀、记录并宣传好团队在雪域高原架设电力天路的每个精彩瞬间，展示鄂电铁军的良好形象。

自然容纳万物，感谢这里广袤的天地给予我们宽广的胸怀。

电力天路千难万险，终将造福一方，感谢这项伟大工程，丰富和充盈我们的人生。

每当我凝望这里家家屋顶上插着的五星红旗，心中便澎湃万千。

每当我仰望这里碧蓝如洗的天空，触手可及的白云，心中就澄净无比。

每当看到藏族同胞的笑脸，他们的善良淳朴，让我心底升腾起更多责任。

爸爸妈妈，希望你们一定保重身体！

扎西德勒！

每天想念你们、祝福你们的儿子：飞飞（郭晖）

时刻警醒做更好的自己

印云刚

亲爱的女儿：

好久没有写信了，非常惦记你。你作为一名电力专业的大学生，即将走向工作岗位，我刚刚看到几起触目惊心的事故，心里久久难以平静，决定给你写封信好好说说安全的事情。

我在一份通报中看到：8 月 15 日，西北电力建设某工程项目部现场检查 1 号炉 EE3 粉管涌粉情况，1 名作业人员从脚手架上跌落至锅炉炉前 15.5 米运转平台，跌落高度约 12 米，经抢救无效死亡。

这个事故发生在黄金长假即将到来之时，本来可以与家人同享天伦之乐、共感祖国巨变的他，却永远地离开了这个世界。不仅家人的心里在滴血、悲痛无比，而且对单位造成负面影响、经济损失。

事故的发生，是工作人员安全意识淡薄、危险源辨识能力差、违章作业带来的恶果，充分证明了电就是只“老虎”，你放松了警惕，它就会从笼子里跑出来咬人、伤人、害人。如果不把安全生产摆在第一位，就会带来难以想象的后果。

于我而言，作为一名电力部门工作二十多年的“老人”，对安全有着深刻的认识：《电力企业安全生产规程》从一个薄薄的小册子变成厚厚的一本书，是经过多少事件、多少血泪，甚至用生命换来的规章。我们电力企业只有在它的指导下规范作业才能保证安全。

同时，作为一名基层安全生产的负责人，我深深知道电力企业是一个高危职业，必须全力落实《电力企业安全生产规程》，从身边的人和事抓起，因人施训，以案警醒，善于纠偏，让我们的每一个行为都符合安全行为规范，才能保证公司干部职工高高兴兴上班、安安全全回家。如果没有抓好安全生产，对单位和个人造成损失，我将会因为一辈子愧疚而惴惴不安地生活在世间。

孩子，以上讲的不是大话和唱高调。因为事故是血淋淋的，因为你即将去电力部门实习，因为我的工作职责，爸妈期盼你快乐安全地度过每一天。为此，希望你以“安全第一，预防为主”为前提，在实践中认真虚心地向师傅们学习，用自己的眼睛去观察现场，用自己的头脑去思考问题，用自己的文字记录取得的经验和教训，从而得出自己独特的结论，掌握有效实用的工作技能。

上述意见供你参考，我希望你时刻警醒，并做得更好！

祝：学习进步、诸事顺心、国庆快乐、平安幸福！

父：印云刚

（印云刚，国网荆州供电公司）

回音壁

安全家书抵万金

亲爱的爸爸：

没有想到会收到你的电子邮件，更没想到你写的竟是一封电力安全的家书，看完后我的心情也十分不平静，有好多话在嘴边却因出门在外无法当面诉说，所以赶紧给您回信。

当前正值国庆假期，前两天我在电视上观看了阅兵式，看到我国自主研制的各型战斗机混合而成利剑般队形呼啸而过，看到七十周年盛典上展示出的国威、军威，我为我们这样一个伟大的民族，从筚路蓝缕走来，如今屹立于世界强国之林而骄傲。那一刻，我想到了每一个人、每一项科技、每一种成果与电力都息息相关，也为电力人用安全生产构筑了人民生活的长城与国防安全的基石而自豪。

兴奋之余，细细想来，我深深知道电力企业工程点多、面广，高空作业、交叉作业、焊接作业多，是一个高危作业频繁的职业。特别是从你信中所说的安全事故案例中，我似乎听到了他的亲人撕心裂肺的喊叫，看到了孩子的大声啼哭，看到了一个家庭的残缺，让人痛心不已，让人深觉事故是我们每一个人都无法承受的生命之重！

于我而言，即将走向实习岗位，如何在今后工作中把握安全生产的脉搏，真正成为合格的安全生产者是我必须思考的课题。女儿认为，必须具备良好的调查研究、宣传教育、组织协调能力，以扎实的工作作风形成独特的知识结构、管理才能，才能适应和运用现代化管理手段的需要。“纸上得来终觉浅，绝知此事要躬行”，您是安全生产管理的专家，我会经常向您请教，更会在实践中学习，在学习中提升，成为一名对社会有用的电力安全生产者。

最后，我想对您说：这封家书对我来说是宝贵的礼物。因为这世间，没有什么比平安更重要，没有什么比家的团圆更珍贵，没有什么比长久的陪伴更动人，没有什么比您归家的敲门声更让我激动。那就让我们一手把握安全，一手把握生命，共同去迎接明天那慢慢升起的第一缕阳光吧！

祝爸妈身体健康、平安幸福，言不尽意，就此搁笔！

女儿：印辰曦

安全箴言送给全世界最好的小许

许　兵

全世界最好的小许：

这是 2019 年元旦你送给我的唐诗宋词日历上，你写的新年贺词的落款。我看了很是高兴，这本日历还放在我的书桌上。

每当看见这本新年日历，就会想起你。今天是双休，平常此刻的你应该是在车上，正在返回几百公里外的单位，准备明天按时上班。但此刻的你却正在你们的市公司参加公文写作封闭培训，也许正在冥思苦想呢！今天正好是你参加封闭培训的第 20 天，也是你参加工作到国网荆州供电公司的第二年零三个月。

那本新年日历上你写的第三点，你说要我少为你担心，你已经可以在很多事情上独当一面了，必要的时候可以提点你，你很愿意听。说实话，老爸对你的健康成长既欣慰又高兴，但更多的是期许，是担心。你踏上社会踏上工作岗位面临的压力、不适、困难想得比较多，但我如同你一样充满信心。的确我看到脚步越来越坚强的你，看到学会飞翔的你，看到一个爱学习的你。比如你顺利通过中级工考试、二级建造师等，偶尔还可以在公司内网的文学天地上看见你的名字。但学习书本不是你人生的全部，还要包括向他人学习，学人之所长，为己所用，比如向所里你能干的师傅学配网安装，学“三熟三能”；向你办公室的小姐姐们学用电报装；向你管安全的所长学《安规》；去生产作业现场看看啥叫安全管理的“十不干。”一个每天都坚持学习并深入思考总结的人，一定是内心强大的人，也一定会不断迎接成功。也愿你每个美好的梦想都能实现。

其实我们都一样，有时会孤独和迷茫，要勇敢学会原谅，驱散那一点小忧伤，这是一首歌的歌词。我知道在外地工作的你有时会一个人面对社会、面对工作、面对孤独和迷惘，面对社会要向社会学习，从世态炎凉、世事变迁、人情冷暖和万千世象中找到规律并借鉴。有努力有流汗有吃苦，才会有收获有幸福有甜蜜。只有经过自己奋斗拼搏得来的东西，才能安心享用，才会有成就感。我珍藏着一副对联，是六年前送你高考时，你们学校送给高考学子的，今天送给正在学习的你，与你共勉。希望你保持快乐的心情，以平常心态，迎接 20 天后的技术比武。

上联是：胸怀四时气象，布茫茫岚烟，凌云步月，喜翩跹半帘桂影，一枕书香。

下联是：腹藏万卷华光，倾滔滔翰墨，绣虎雕龙，乐逍遥绝顶瞰山，中流遏浪。

20 多天后你又要回到你的供电所，开始你国网小电工的工作，作为一个女孩子在外乡，面对工作、面对社会、面对生活，老爸有很多话要说，最主要的还是要注意安全，我就把我们系统的“四不伤害”送给你吧：“不伤害自己，不伤害他人，不被他人伤害，保护他人不受伤害”。

做全世界最好的小许！

爱你的老爸

（许兵，国网孝感供电公司）

回音壁

你们平安，我在外面才踏实

亲爱的爸爸：

近来可好？

你我已经很久没有用书信这种充满着仪式感的方式交流了。上回这样正式写信估摸着还是小学那会班级组织的父亲节活动吧。最近一次回家整理书柜的时候，我又将那些被你仔细收藏在牛皮纸袋里的我的“成长足迹”回味了一番——里面有我的成绩单、奖状、明信片、自制的贺卡……其中有张贺卡上面，用蜡笔勾画了你的特点，小眼睛与眼镜，旁边歪歪扭扭地写着：祝爸爸身体健康，生活快乐！

年初赠予你的日历看起来你很是喜欢，我很欣喜。这种欣喜和小时候考到了高分，将成绩单拿回家给你们看的时候一样，觉着既表达了情谊又获得了肯定，我内心是满足的。我记得日历的扉页上有我写给你的“三多三少”——少抽烟，少急躁，少为我担心；多看书，多锻炼，多陪陪妈妈。平时不能在家监督你，不知道大半年来你完成得怎么样呢？就我周末抽空回家的情况来看，你落实得还算不错，希望你能继续保持，哈哈哈。

但也就是周末短短的几十个小时里，在你接到我从孝感东返家的路上，你还是喜欢开车时候看看手机、发短信；在你陪我吃午饭的餐桌旁，你老是充电时候来电话不拔插头。我和妈妈都对你这些习惯性违章提出了批评，但你对此仍然十分“顽固”。希望这封安全家书能对你起到督促作用。

而此时此刻的我，正在荆州电力培训学校的教室里，在一个靠窗的座位旁，细细读你的信。窗外时不时传来的桂花香气，让人即使身处异地却也觉着熟悉。都说秋天是收获的季节，九十月这个特殊的时间节点见证了我的每一场开学、见证了我正式在供电所工作、见证了我的每一个崭新阶段。我想说，我在尝试长大与成长，无论是自己洗衣自己吃饭自己居住，还是专业技能、操作规范、规章制度，又或者是邻里关系、人情世故，我都在努力成为一个真正能独当一面的大人、电力人。我想无论干什么我都不会比此时此刻更为确定、更有把握了。所以你且放心、宽心、安心，让我多去接触、去锻炼、去体会。

希望你能继续落实好“三多三少”，消除那些工作和生活里不安全的小隐患。也要提醒妈妈，因她有几回竟然忘记电饭煲里还在煮东西的危险操作，着实叫人胆战心惊。家里面和你工作上的平平安安，我在外心里才踏踏实实。

全世界最好的小许

儿子，你不仅属于你自己

方　琼

亲爱的儿子：

你好！

听闻你们公司开展了安全家书活动，我就借此机会给你来信，这封信既是与你一起完成“任务”，更是母亲说给你的心里话。

记忆中每个清晨，你背起书包上学的时候，我总会在身后不断地嘱咐你要注意安全，在路上切不可麻痹大意，在学校也不可放松警惕，任何时候都要以安全为重，看着这些年来你平安成长，我也觉得自己的唠叨没有白费。

时光如水，转眼间你从象牙塔步入工作岗位已一年有余。这一年来，虽然我们每天的交流不多，但妈妈还是可以看出在单位领导和同事们的帮助下，你已经慢慢地成熟起来。妈妈感到很欣慰，也为你的进步感到高兴，也希望你在今后继续勤勤恳恳地工作，平平安安地上下班。

儿子，妈妈虽是外行，但通过与你的交流，妈妈或多或少知道每一个电网员工都肩负了重大的安全责任，保证着全州人民的安全优质用电。妈妈为你的工作感到骄傲，也希望你时刻紧绷安全这根弦，只有人人关心安全，事事注意安全，才能对自己负责，对他人负责，对单位负责。妈妈以前在烟厂工作时，常听闻生产车间的安全事故，也知道部分事故发生的原因，除了生产设备老化的因素，最主要的还是车间工人的违章操作。有的人抱着侥幸心理，不想走繁琐的规程，想着偷个懒，认为事故发生在自己身上的可能性微乎其微；有的人习惯性违规，无视车间的安全生产规程，但悲剧也就这样发生了。妈妈给你说这些，是希望你明白安全是公司发展的基础、员工生命的依托与家庭幸福的保障，更是公司、员工与家属共同的追求。

儿子，在工作中，你们要保证自己的安全，也要关爱他人安全，敬畏安全规律，牢固树立安全第一的观念，把不安全的隐患拒于千里之外，时刻讲安全、学安全、保安全，守护平安，守护幸福生活。以安全为出发点，踏实工作，严格要求自己，处处以国家、电网利益为重，不辜负公司对你的培养，以优异的工作业绩去回报公司。

最后，我想说，儿子，你不仅属于你自己，还属于社会，属于爱你的每一个亲人、朋友，只要你把父母叮嘱牢记心中，时刻想到安全，做到安全至上，那就是给我和你爸的一颗定心丸。

爱你的母亲：方琼

（方琼，国网恩施供电公司刘宇阳母亲）

回音壁

感谢您让我成为您的儿子

亲爱的妈妈：

您好！

读完了您的来信，看到您对我的条条叮咛，我的内心泛起一阵阵涟漪。此时夜已很深，我却全无倦意，提笔写一封回信给您，将思绪付诸笔端，和你说说话、谈谈心。

妈妈，学生时代的点点滴滴，我都记在心里，不曾忘记。您为了我健康、平安地成长，默默地奉献了自己的青春，付出了许多努力与辛劳。如今，我已迈入工作岗位，成为国网恩施供电公司调控中心的一员，在这里我很庆幸我能结识这么多可亲可敬的同事们，我也很庆幸我能置身于一个“生命至上、安全第一”的工作环境里，让我懂得时刻保持警惕，树立安全意识，牢记安全使命，确保安全生产，严格遵守电力调度规程，扎实做好安全调度工作。

妈妈，每当您从网上报道得知一些安全事故时，您的心里总是久久不能平静，也免不了向我多叮嘱几句。我明白您的担忧，但我想告诉您的是：调控中心有着完备的安全管理体系，将安全意识落实到工作的各领域、全流程，从源头上抓牢安全责任。从我进入调控中心的第一天起，就开始接受各种安全教育培训，学习掌握调度规程，不断提升个人安全意识。此外，还有防止误操作的“五防”系统、监护复诵制度等多项保证安全的措施，这些制度与措施都在为电网与员工的安全保驾护航。“质量是企业的生命，安全是职工的生命”，这不是一句空洞的口号，国家电网公司始终秉持安全发展理念，视安全为第一要务，一直将安全作为立身之本、立业之基，当作头等大事、首要任务来抓。

妈妈，儿子已经长大，能够扛起肩上的责任，做一个坚强的勇者，用中国梦激扬电网梦，秉承“立足安全、扎实工作”的原则，走好每一步，干好每一天，为调控中心发展贡献个人力量，与单位领导、同事一起争创一流的工作业绩。

谢谢您，妈妈！感谢您让我成为您的儿子，我会牢记您的叮咛，踏踏实实走好每一步，谨记安全“犹如空气和阳光，受益而不觉，失之则难存”，没有安全，一切都无从谈起，真正做到：不伤害自己，不伤害他人，不被他人伤害，保护他人不受伤害。

最后，儿子祝愿妈妈身体健康，青春永驻！

此致

敬礼！

爱您的儿子：刘宇阳

不变的是毫无差异爱你的情感

鲁 非

亲爱的儿子：

第一次给你写信，这种感觉既陌生又熟悉，陌生的是很久没有用纸上文字的流淌作为交流的方式，熟悉的是一如既往灌注在话语和文字中毫无差异的爱你的情感。

一转眼，你都已经上小学了，开始慢慢独立了。犹记得你初睁双眼、蹒跚学步、第一次骑自行车、第一次过马路、第一次独立外出、第一次走上球场，在爸爸的心里，总担心你的每个第一次会摔了、撞了、疼了、哭了，总害怕你的幼小和尝试独立会伤害到你。然而，你终于还是一天天地长大了。当你再一次听着爸爸的唠叨和叮嘱的时候，你会问我："爸爸，为什么过马路就一定要看红绿灯呢？为什么走路就一定要看前方和地面呢？为什么就不能玩插线板呢？为什么就不能爬得很高呢？为什么每天让我注意这么多东西，那你就什么都不用注意吗？"是啊，为什么有这么多"一定要"和"不能"呢？在你的心里，一定充满了很多的疑惑吧。这些，其实都是为了两个字：安全。

我们每一个人，从小到大，从你这个阶段到你眼中的爸爸，一路蹒跚、摇摇晃晃地行走在人生的道路上，其实都一直拄着"安全"这根拐杖，保障着我们能一直相互陪伴走下去。如果没有了它，也许有一天我们就摔倒了，再也爬不起来，再也无法去实现你的梦想和愿望。

在你的眼里，爸爸是一个大人，似乎每天就可以义正词严理所应当地唠叨和教训你，自己什么都不用注意和小心。其实，爸爸告诉你一个“小秘密”，每一个大人都有自己的工作岗位，而在各自的工作岗位上，大人要注意的东西可比你每天玩的时候要多得多。你不是问过爸爸为什么不能玩插座和插线板吗，后来你知道了那是因为有电。电是你每天听音乐、看动画的能源，你很喜欢它，可它同时也是个小坏蛋，一旦你直接和它玩耍，它就会伤害你，让你再也爬不起来，而爸爸的工作就是每天和它打交道呢！“可是爸爸，我根本看不到电啊，那怎么注意安全呢？”爸爸知道此刻你心里肯定是这样想的。

其实用电安全和我们日常生活的各方面安全是一样的，并不复杂。首先一定是要有爸爸经常对你说的安全意识，知道什么是危险的，行动前先想想，先看看，没把握的事情先不做，就像你过马路前先要看看红绿灯和来往车辆后才能迈开步子。其次就是“规范操作”，爸爸每天的工作必须要按照严格的规范要求来进行，就像你去踢足球一样，首先要戴好穿好球衣、球鞋、戴好护腿板，做完热身，才会尽量避免自己受到运动伤害。

今天爸爸就先说到这里吧，爸爸的愿望很简单，每天平平安安回家，能够看着你快快乐乐，愿安全伴你一路成长！

爸爸：鲁非

（鲁非，国网湖北电科院）

回音壁

“铁树”是用来输电的

亲爱的爸爸：

看到爸爸的信，我很高兴，却不知道信是什么。而且好多字都不认识，还是奶奶告诉我信是一个人写给另一个人的话，那为什么不直接说呢？嗨，让我还以为是爸爸给我的礼物呢！

我努力试着开始读这封信，奶奶也在一边帮我识字。原来爸爸又在唠叨和教育我了，不过这一次我没有觉得厌烦，反而感觉很新奇。我记得有一次和爸爸一起坐高铁出去玩的时候，我看着窗户外面高高的铁塔问你这些东西是干什么用的，为什么那么高那么长，一眼都看不到头？后来我知道了，原来这些望不到头的“铁树”是用来输电的，那高高的“铁树”叫作杆塔，那长长的线是输电线路，那一片片的圆柱体是绝缘子，有白色的、红色的、绿色的，这些都是用来输电用的，我们家里所有的电器，包括我们坐的高铁都是依靠它们送来的电才可以工作的。那个时候，我才知道，原来爸爸的工作就是每天和电在一起。也是那个时候，我听爸爸你讲电也是很危险的，吓得我以后在家拿插头都只敢拿塑料的部分。

今天看了爸爸的信，我才知道爸爸每天工作同样也要注意很多问题，也不能随心所欲想怎么玩就怎么玩。而所有的注意安全，都是为了让我们每天幸福的生活持续下去。所以，爸爸你放心吧，你要继续每天好好工作，照顾好自己，我也会记住你说的话，从小事做起，知道什么是危险的，什么是不能做的，什么是可以保护自己的。上个星期老师还让我们认识消防栓和灭火器呢。我会慢慢养成好习惯，像爸爸说的一样，有自己的安全意识，毕竟，我还有很多地方想去玩呢，哈哈！

你的儿子：鲁羿辰

宝贝女儿，盼你平安

梁婧雯

宝贝女儿：

你好！

家是一个充满诗意温馨的字，它让人感到温暖、体贴。在家这个小天地里，人们尽情地享受着欢聚、惬意和关怀，但它更需要我们的小心呵护，否则，它将带给我们终身的遗憾。不知不觉已是深夜，路旁的小树也合上眼休息了，窗外没有了白天的喧嚣，我独自坐在窗前凝望着远方的灯光，心里一直在想，你出门在外时、开车时、忙碌工作时，会把安全放在第一位吗？只有当你每天用钥匙打开门的时候，我悬着的心才轻松安定下来。孩子，你不知道，工作或者生活中任何违反安全规章制度行为都是给幸福家庭带来灾难的魔鬼，你的平安是我最大的心愿，为了家庭的幸福，为了自己的身心健康，妈妈希望你一定要把“安全”时刻放在心上。

还记得妈妈工作单位的一位同事，曾有一个殷实温馨的家庭，一家人和和美美、其乐融融，然而因为他在工作中的一次违章操作，让这个温馨的家庭遭遇了梦魇般的变故。亲人们在手术室门前，仿佛置身于万丈深渊，那是一种多么悲痛欲绝的场面，怎叫人不撕心裂肺。年迈的父母跪在地上泣不成声，祈求着上帝保佑儿子平安无事。经历了生与死的考验，最终留住了生命，但终身残疾将伴随他走完人生。为了照顾残疾的他，妻子不得不放弃经商，年迈的父母没有了往日的欢笑，干涸的眼睛不再明亮，家庭的经济也陷入拮据，原本殷实的家庭已变得不堪重负，难以挽回。

亲爱的女儿，我想用这个悲惨的经历告诫你，为了家庭的笑声，为了自己的身心健康，为了丰富多彩的人生，出门在外一定要时刻心系着“安全”，只有我们快乐地在一起，才是一个完整的家。家是港湾，爸爸妈妈每天在家等着你平安回来。

爱你的妈妈

（梁婧雯，国网武汉供电公司）

回音壁

平安是对父母最大的孝顺

亲爱的妈妈：

您好！

收到了您的来信，有些意外也有些感动，我想谢谢您一直以来对我的关心与照顾。光阴似箭，时光荏苒，还记得小时候，您总是一定要牵着我的手过马路；还记得离家读大学的时候，您在出门前，最常说的一句话就是：“路上小心点”；我从事电力工作后，您也不忘总是提醒我，工作时要时刻遵循电力安全的各项规章制度。我想，从那时起，“安全”这两个字就已经深深印刻在我的心里了。

现在我工作了，也渐渐长大了，可以照顾自己了，但我明白在您心里我依旧是那个长不大的孩子，而您最多的嘱咐与挂念依旧是我的安全。

因为工作的特殊性，您时刻挂念着我的安全，不过不用担心，单位里的各级领导都非常重视员工们的安全，始终以安全工作为中心。我们定期会召开安全会议，学习文件，交流经验，谈各个岗位的安全问题，从他人的教训中吸取经验。我明白只有我平安健康，您才能放心。

亲爱的妈妈，您的女儿在不断地学习与成长，如今已经在内心认识到了很多东西。珍爱生命，杜绝安全责任事故的发生，平平安安的工作，就是企业和家庭最大的财富。历数以往发生的大大小小的事故，无一不与粗心、疏

忽有关，因此我在工作中一定会保持足够的细心和精心，严格按照规程办事，从日常工作、生活中的每件小事做起，杜绝危险事故的发生。记得您常挂在嘴边的一句话：平安是对父母最大的孝顺，在看到那么多媒体报道的安全事故，一个个痛失亲人的家庭，我对这句话有了更为深刻的理解。请您放心，为了我们这个温馨和谐的家庭，我一定会保护好自己，真正做到“四不伤害”，高兴上班，平安回家。

亲爱的妈妈，安全在您心里，也在我的心里，安全会永远陪伴着我们！请您放心，我会牢记您的嘱托，平安回家。

您的宝贝女儿

我们是你最坚定的支持者

朱琳玮

亲爱的女儿：

今天是中秋节，刚和你爷爷奶奶吃过饭，你姐姐一家正和你爸爸在客厅看电视。我独自一个人，坐在你的房间里，整理着思绪。在你说不回家过中秋之前，我已经换洗过你的床单，整理了你的书柜。你的小侄女颜颜经常跑进来问你什么时候回来。

时间过得真快，似乎还没有年轻就已经老了，这是悲伤的事情。但看到你们逐年的成长，这又是多么幸福的事情。家里一切都好，你爸爸的身体保持不错，不要挂念。

我的女儿，从你离开我的身边，去往神农架工作已整整一年了。看到每次回家每顿饭无肉不欢的样子，你每次回家七八天还倒不过时差的样子，看到你朋友圈里工作的点滴，我的内心五味杂陈。有欢欣，也有担忧，有心疼，但更有欣慰。女儿，妈妈知道，离家的姑娘都是披着一身金刚盔甲，怀揣一颗柔软的心。你一定吃过了很多苦，遇到很多事，经历了成长之痛。孩子，妈妈想告诉你，别怕，我在你的行囊里放了一件传家宝。你这一生，总会有用得上的地方。

龙应台曾经说过，所谓父女母子一场，只不过意味着你和他的缘分就是今生今世不断地在目送他的背影渐行渐远，你站立在小路的这一端，看着他逐渐消失在小路转弯的地方，而且他用背影默默告诉你，不必追。曾经妈妈不会相信这句话，但是当你踏入了社会，离开了家，妈妈就懂了。曾经妈妈以为这句话说得很悲凉，不可能发生在你我之间，但是如今它却已成为现实，也是一个事实。妈妈已经追不上你了，说到这里有些感伤，但也有些欣慰。

我的女儿，妈妈知道，你们这一代和我们这一代有太多不同。活在现实中也活在网络里。身体和思想总有一个在路上。你已经长大了，父母不在身边。所以，一定要懂得照顾自己，保障自身的安全。

我也不知道今晚到底是写的什么，不知不觉已经这么多了，但愿你能够从中少走些弯路，哪怕只是一点点，那我的目的也就达到了，要说的话太多，纸短情长啊！无论如何，你已经非常优秀，我们都为你骄傲，当你努力生活，当你开始自己的人生，不论面对什么样的困难和结果，我们是你最坚定的支持者！

就到这里。愿你慈悲智慧。

想念你！

爱您的母亲

（朱琳玮，国网神农架供电公司）

回音壁

现在知道父母多么不易

亲爱的爸爸、妈妈：

从小都没有离开过你们，第一次出远门工作，知道你们肯定都特别挂念我，所以为你们写了这一封信，为你们报一下平安，同时也为你们普及一下安全的重要性，希望你们在以后的工作生活中也能把安全放到第一位，工作生活平安顺利，这样我也可以安心工作。

记得刚进公司的第一天公司就对我们进行了安全培训，之后便是安规考试，那个时候觉得不就是走一个流程而已嘛，也没觉得有多重要。后来进了现场，跟着师傅巡检，才知道原来现场处处都存在危险，必须要小心谨慎，严格按照安规上的说明进行操作实行才可以。

现在我们每周都有安全学习，虽然讲的都是一样的内容，像什么在生产现场要佩戴安全帽、穿绝缘鞋，这些老生常谈的内容，但还是有人不遵守规定。我想这些人一定是因为存在侥幸心理，觉得就一两次应该没那么倒霉，但是往往越是这样，越容易发生事故。

据资料统计，电力系统 70% 以上的事故是由于习惯性违章造成的。所谓习惯性违章是指那些故守旧有的不良作业传统和作业习惯，违反安全工作规程的行为。所以在工作中万不可存在侥幸心理，必须严格遵守有关的安全规定，规范操作，才能保证自己的人身安全。

据不完全统计，全世界每年就有三千多万人在各种事故中丧生，三千多万啊！这样的数据甚至都超过了一场战争带来的人员伤亡。我们可以想象这些人的离去会成为多少家庭的悲剧，那些失去亲人的人们是要有多大的勇气才能面对这样悲惨的局面。我知道每个孩子在父母眼里都是独一无二的，从小父母就盼望着自己的孩子能够平安健康的长大，所以父母们总是为我们保驾护航，不敢让我们接触任何的危险，同时也教会我们如何辨别生活中危险的事物，避免接触这些危险因素。

可是现在长大了，开始工作的时候才知道父母是有多不容易。我们只有努力地工作，同时在工作中保障自己的人身安全，才能让千里之外的你们安心。

虽然离家在外工作一年，但是这里的同事团结友爱，老师傅们也乐于把自己的知识传授给我们，让我们在工作中少走弯路，领导们也很关心我们的工作生活，公寓楼设备设施越来越好。而我也成长了许多，所以请你们不要担心，我在这里生活工作一切都很美好。

“生命不能再来，安全才能回家”我会牢牢记住您的教诲。您也要保重身体，做事不要太过辛苦，您的平安才是我们作为孩子最大的心愿，请您千万千万保重身体。

爱您的女儿

稽查就是保证不在错误的道路上越走越远

朱其友

芝儿：

其实老爸有很多话想对你说，又不知道从哪里开口。这次单位要求以安全为题写一封家书，正好借这个机会跟你说说话。

之前心里一直还把你当细儿，还是那个杠杠的、愣头愣脑的小男孩。直到前几天，一个老朋友说起你，说你兼任了 3 个项目部的总监理工程师，带着一帮人，很是辛苦。安全压力很大，也受了一些委屈。晚上回家，本想找你聊聊的。但你回到家什么也不说，抱着你的儿子开开心心地逗他玩。我在旁边却看到了你有了白发，这一刻，我心里酸酸的……

今天正好我借这个机会跟你说说心里话。你的成长，首先是你自己努力，其次也有组织的培养。你在这个位置，自然也就肩负了这个责任。每个岁月静好的背后，都必然有人负重前行。抓好了安全，才对得起培养你的组织、才对得起信任你的同事、才对得起支持你的家人。大家都平平安安地回家，这本身就是对你最大的回报。

关于委屈，老爸也在基层干了十多年，也有些感想。一个工地上，建设方、施工方和监理方，少则几十人，多则上百人，各有各的侧重点、各有各的想法干法，不同施工队伍的水平也不一样，所以上级制订“十不干”“十二项禁令”等制度，一把尺子去拉。比如这次，施工队不听你的，安全稽查扣了施工队的分，你也因此被扣了分，你觉得委屈了。但换个角度想想，正因为一把尺子去拉，整个项目才不会在错误的道路上越走越远，才不会到不可收拾的地步。他们就会认真地想想，你之前说的是对的。从这个角度说，安全稽查也算是你的靠山了。芝儿，当总监，“三控二管一协调”都要操心，责任重大呀，辛苦了！

今天多说了一些，老爸是希望你能以愉快的心情，坚实地走好每一步。老爸老妈全力支持你，带带孩子、跑跑腿、买菜做饭什么的都没问题。

加油！儿子，你行的！

你的父亲

（朱其友，国网鄂州供电公司）

回音壁

责任是一个男人的勋章

敬爱的老爸：

您好！今天收到您的一封家书让我很意外。趁此机会，我对爸爸说说心里话。这么多年来，是您用无私的爱，把我抚养成人，教我做人的道理，现在儿子已经长大，懂事了，可那无情的皱纹却悄悄地爬上了您的额头。

自从我成了家有了儿子后，我才彻底明白，父亲不仅仅是付出那么简单，他肩上扛着那份别人都理解不了的责任，这份责任没有人给你，也没有人强迫你，那是自然而然就有了的，而且还那么强烈，逼迫着自己不断地往前进。

当初，您帮我选择进入工程监理这个行业是我完全没有想到的，虽然我大学的专业是工程造价，但其实对监理行业还是很陌生的。刚刚接触监理行业时，领导安排我做资料员，那个时候我非常抵触，我总是认为资料员学不到什么东西，为这个我还总是跟您闹脾气，您总是细心地开导我。慢慢地我发现做资料不仅仅是复制粘贴这么简单，而是要用心地去查询相关规范中的数据及要求，在近 6 年做资料员的过程中我慢慢熟悉了建设程序及监理管理的要求，从而在这个行业中慢慢找准了自己的定位，那就是考注册监理工程师。

在这里我不想说什么或者表达什么，我只是想以一种文字的方式表达儿子对您的敬爱。往后，我的工作和生活琐事也会越来越多，有时候也许会遇到不顺心的事，我相信我能坦然面对，昂首挺胸地走过去。

以前在沟通的方式，或者说话的态度上，儿子做得不够好，我知道父亲绝不会怪罪的，可是我还是得在此跟您深深地说一句：对不起，爸爸。谢谢您，父亲。

最尊敬您的儿子：朱芝

做一个守规矩、讲安全的人

林俊华

亲爱的孩子：

请允许我以这样书信的方式与你交流，因为我觉得这是一个十分有效的方式。

孩子，不知道你还记不记得你问过我："爸爸，电危险吗？你的工作危险吗？"我笑着回答："电很危险，但我的工作不危险，因为我们遵守安全规程。"那是我们第一次沟通有关于安全的话题。

世上没有绝对的安全，不管我们身处何时何地，一定要具备安全意识，遵守安全规定。你知道，爸爸从事的电力行业，很多人认为这是一个高危职业，也的确如此，爸爸也亲眼见证了一些违规操作所带来的严重后果。电力行业里，每年因为安全意识淡漠造成的事故很多，后果严重的甚至失去性命。"安全"是爸爸和同事们时时刻刻牢记在心中的两个字，所以爸爸也总是在你和妈妈耳朵边念叨，可能会让你们觉得啰嗦。

去年夏天，你在热身训练时不愿意戴头盔，我训斥了你，可爸爸真的是担心你会受伤。你训练时的头盔就好比我们在工作中的安全帽，不要小瞧了这顶帽子，有时候可以救命。

你年纪还小，爸爸说的这些也许你无法完全理解，但爸爸必须要说。你总说要成为顶天立地的男子汉，有危险时要保护爸爸妈妈、保护爷爷奶奶，而这一切的前提是，你要懂得“安全”，懂得如何自保和保护他人。爸爸希望你多学习一些安全知识，提升安全意识，积累安全常识，将安全知识学以致用。更重要的是，在日常的学习、训练、生活中遵守安全规定，不要抱任何侥幸心理。爸爸希望你永远不要遇到危险，但如果有一天你无法躲避危险的时候，这些安全知识和规定一定会帮助你从容应对。

亲爱的孩子，希望这封信的内容对你有所帮助，希望你也时刻牢记安全第一的原则，这是作为爸爸的期望。

你的爸爸

（林俊华，国网武汉供电公司）

回音壁

我一直没忘记爸爸的嘱咐

亲爱的爸爸：

很高兴你能通过这种方式与我交流，“安全第一”，我一直没有忘记你的这个嘱咐。

“爸爸，你上班要注意安全啊！”这是我知道你每天要和电打交道后，特别想对你说的话。那时候的我十分担心你的工作，害怕你在工作中遇到什么危险，但是我一直不好意思说出口，今天正好写信告诉你。

隔壁叔叔阿姨们总说我小小年纪就很守规矩，很有安全意识。其实，那都是你给我灌输的。在我的印象中，爸爸你是一个很啰嗦的人，每次在家吃完饭，

你总是将我们一家子聚集在一起，谈一些安全事件。我参加了冰球队，去年训练时你批评了我，说实话，我当时真的不以为然，我觉得只是正式训练前的热身，不戴头盔也没什么大问题。但是不久后我亲眼见到队友因为没有戴好头盔而摔破脑袋时，我才意识到，爸爸你说的都是对的。

不管是上学、参加比赛、还是外出，你总是对我说："一定要守规矩、讲安全"，我知道这是你对我的关心。每次出门在外，你总是不停地发信息给我提醒这提醒那，有时我真的很不想听，但最后又不得不承认，你的提醒真的避免了很多危险。

谢谢爸爸！"事事安全，时时安全"，你对我的教导我其实一直记在心里，我也要向你学习，学习安全知识，做一个守规矩、讲安全的人，成为一名可以保护你们的男子汉，也希望爸爸你在工作中一定要注意安全，每天都平平安安回家！

儿子：林彦孛

工作再忙　安全不忘

陈其柱

亲爱的儿子：

近来工作是否繁忙？如今你在咸宁工作，每周能见面的时间很短暂，无论如何一定要记得保证自己的生命安全。

中秋节刚刚过完了，家人团圆一起拉拉家常，欢声笑语、和谐温馨。看到这一切，我思绪万千，似乎有好多的话非得要对你说一说。我作为一个父亲，同时也作为一名退伍军人，我知道这千家万户的幸福是来之不易的。为了你、为了我、为了我们全家幸福，也为了别人家的幸福，我想要再次提醒你：你是为人民带来光明的企业职工，也是我们家庭的未来和希望，你在工作中一定遵守安全规章制度，不能有任何麻痹大意的思想，不能蛮干、瞎干。做工时精力一定要高度集中，除了自己不要违章违纪外，同时也要关爱同事们的生命安全，时时刻刻记住自己及同事的父亲、母亲、妻子、兄弟姐妹、儿女对你们的牵挂，企盼你们每天都能高高兴兴上班去，平平安安回家来。

儿子，你现在回家的次数一年比一年少了，我知道现在你的工作越来越忙了，肩上的担子越来越重了。但是，我知道这些困难都难不倒你。但无论如何，你都必须记住“工作再忙，安全不忘！”这句老话，这也是我和你母亲此时最想对你说的一句话。

千好万好没有平安什么都不好，千有万有没有安全什么都没有。儿子，你平安无事是我和你母亲对你唯一的要求。只要你记住了，做好了，那么我们的家庭就是天下最幸福、最快乐、最富有的家庭，我和你的妈妈就是天下最幸福的父母！

你的父亲：陈其柱

（陈其柱，国网咸宁供电公司陈科铭父亲）

回音壁

安全是条绳，牵着千万人

亲爱的爸爸、妈妈：

不必担心，我现在过得很好。转眼间，我已在电力行业工作三年了。光阴似箭，白驹过隙，在这三年里，我有许多进步，从一个刚毕业的学生成长为一线电力工人，而这些进步，离不开你们的悉心教导。

现在我对电力有了全面的认知，它是一种特殊的行业，它给千家万户带来光明和温暖！同时我也认识到电力行业是一个危险的行业，在平时的工作中，安全总是工作中的一个重要组成部分。我的岗位是配电抢修，作为一名一线电力抢修人员，更容易发生安全事故，所以每次进入工作现场开展工作之前，我们总是先进行安全教育学习，现场危险点分析，确保万无一失才开始工作。不发生人身伤亡事故、不发生车辆安全事故、不发生重大设备丢失损坏事故，始终保持安全第一的信念，以防安全事故的发生。

人们常说：安全是条绳，牵着千万人；安全是根线，连着亲人念。每周我们单位都会组织一次安全学习，某集体企业“6·11”分包人身死亡事故，某供电公司“5·20”人身事故，“3·21”某机场交通中心停机坪及滑行道工程钢筋骨架倒塌事故等。这些事情都是发生在我们身边活生生的例子，安全大于天这一点，我一直都记在心中。每次抢修工作，我都会担负责任，做好现场勘查

工作，确保现场安全措施到位，把控好现场安全，确保每个工作班成员都能够安全、顺利地完成工作。

亲爱的爸爸妈妈，你们一直嘱咐孩儿注意安全，因为你们知道生命是宝贵的，生命属于我们只有一次。生命这东西，既坚强无比又脆弱得不堪一击。有时它坚若钢铁，硬若磐石，历经沧桑磨难而依然傲立，依然辉煌；有时又脆弱如一朵花、一片叶，经不起风吹雨打，甚至一个小小的疏忽和意外都可能碾碎一个鲜活的生命。人都应该珍惜生命，相互关爱，善待自己，善待他人。

亲爱的爸爸妈妈，我知道在我成长的道路上渗透着您二老的心血，而我的将来，承载着你们的希望。所以平安不仅是幸福，更是责任。对自己的生命负责，对他人生命负责，更是对自己家人的负责！

儿子：陈科铭

传承在血脉里的基因

在目光里闪动搏击海浪的帆影

知恩比高山　知恩深似海

知“人民电业为人民”

谨记双亲嘱托

让青春创造电网发展新征途

THE FOURTH VOLUME

第四辑

青春的报答

背景资料：

2012 年 8 月 4 日夜晚至 6 日凌晨，十堰东部地区遭受特大暴雨袭击，山洪暴发。8 月 6 日凌晨 1 点，国网十堰供电公司变电中心员工史克军（男，中共党员，54 岁）、李琼（女，34 岁）、陈品东（男，30 岁）在奉命处理官山水库防洪供电线路故障，保障襄渝铁路线可靠供电任务的途中被洪水冲走，不幸因公殉职。

史克军、李琼、陈品东三位同志先后被追授“革命烈士”、全国五一劳动奖章、湖北省五一劳动奖章、国家电网公司劳模、省公司劳模等一系列荣誉称号。2012 年 11 月，省公司党委下发《关于开展向史克军、李琼、陈品东三名同志学习活动的决定》，号召省公司系统全体干部员工向三名同志学习。

为保障烈士家属工作、生活不受影响，公司每年定期开展烈士家属慰问工作，持续为烈士家属提供生活援助，保障烈士家属疾病就医、子女就学就业等多方面权益。

史克军同志是三位烈士中年龄最大的共产党员。在国网十堰供电公司工作的 24 年里，他驾驶车辆总行程超过 113 万公里，从未出现任何事故。无论是白天还是深夜，只要有任务，他毫不含糊，从不推辞。对待身边的人，他热心快肠，有求必应，深受同事们的尊敬，是车队当之无愧的标杆驾驶员、模范党员。

寄往天国的一封信

史霜霜

敬爱的爸爸：

一声爸爸还未叫出口，我已哽咽。细细数来，您已有七年两个月零二十天不在我和妈妈身边了。这七年多的每一寸时光，都充满了我对您揪心的思念。

每逢电闪雷鸣、风雨交加的天气，我都会下意识地望向窗外，内心深处莫名升起那份熟悉的担忧，七年前那个傍晚您送我上班的情景一遍又一遍在脑海里清晰浮现。

一身紧束干练的电力工装、一本用旧了的车辆缺陷记录本、一张两鬓斑白的慈祥脸庞……这是那天您留给我最后的印象。仿佛就在昨日，您坐在车上对我挥挥手，反复叮嘱我："要好好工作，注意安全！"

爸爸，您总是随叫随到，不舍昼夜，从无怨言。您一向专心工作、不善言谈，我们父女俩很少有促膝长谈的机会，我来不及向您倾诉我对您深深的依恋，愧疚迫使我提起了笔，写下这封信，以此来和您唠唠家常，说说心事。

爸爸，您知道吗，我已经有了两个孩子。看着两个孩子慢慢成长，我总是想起您，想起小时候在您身边的时光。那时您是那么的年轻帅气，有力的大手总能在摔倒时将年幼的我及时扶起。上学路上的时光是那么短暂，自行车后座上的我总在您的温暖逗趣中洒下一路欢歌笑语。如果您还在，我想现在的您一定会在小区的小广场上带着您的外孙奔跑玩耍，一边呵护他们一边叮嘱他们“注意安全”。我实在想象不出您会对他们说些别的什么，除了这声“注意安全”，这句话您对我说了一辈子。在与您天人永隔之后，我终于深深体会到这平平淡淡四个字里，原来饱含了您浓得化不开的爱。

爸爸，向您汇报一下，我现在从事调度自动化专业，我们的工作为电网安全稳定运行提供强有力的技术支撑，安全责任重大，不允许有一丝一毫的懈怠和失误。因为您的影响，安全在我的心里，从来都是第一位的。

公司的领导和同事们都很关心我，逢年过节他们都来家里看望我和妈妈，关心妈妈的身体状况。您在的时候常对我说，吃水不忘挖井人，工作不忘党恩情。所以，您离开后的第二年我就志愿加入了中国共产党。我知道只有不忘初心，爱岗敬业，不断提升自我，才能以实际行动报答组织的恩情，圆您未了的夙愿。

爸爸，我很骄傲地告诉您，今年我和同事们成功完成了电力监控系统专项排雷、1901 护网行动等重大工作，大家都对我们自动化班的八兄妹赞赏有加。

我还想告诉您的是，这些年来，每当我工作遇到困难时，我眼前总是能浮现您工作时的身影。在我的记忆中，您从来都是接到电话就穿工装出门，从未有片刻的耽搁，无论前方是什么，您都保持着战斗者的姿态，坚定前行。每每想到这里，我的心就会慢慢安定下来，有什么样的困难我都不再焦虑。

爸爸，请您放心，女儿不会让您失望的。而且，我常常会把“注意安全”四个字说给我的孩子们，告诉他们，这是不曾见面的外公对他们最宝贵的祈愿。

千言万语，不及细表。爸爸，爸爸！我知道这声呼唤世间再不会有人回应。您已远在天国，但纵使再不能相见，您仍是我和妈妈生命之网的永恒组成。

愿您一切安好。

女儿：霜霜

（史霜霜，国网十堰供电公司）

您永远是我的榜样

喻龙海

亲爱的父亲：

您好，好久不见，您的身体还好吗？

今天是新中国成立七十周年，也是您从事电力行业第四十年。在我小时候的印象中，您总是常常好几个月才能回一趟家，即使回到家里，不是倒头就睡就是疲惫不堪。每次看到您回家的身影我异常高兴，可是看到您在短暂休息后匆匆离家的背影，又有一种说不出来的失落。有时候我会想，为什么别人的父亲可以陪伴他们的孩子玩耍和嬉戏，而我却连跟您多说几句话都成为奢望？随着年龄的增长，随着我慢慢地懂事，看到您肩上沉甸甸的重担，想到您那愈发佝偻的背影和黑得发亮的皮肤，我对您的一些埋怨也烟消云散。

直到大学毕业我考进了国家电网，成为一名电力员工，我才明白您肩上不仅仅有养家糊口的重担，还有安全的重任。您从事的高压线路建设工作，要求您时时刻刻都要百分之百地集中精力，百分之百地小心谨慎，百分之百地紧绷安全之弦。

在我的心目中，您的安全就是我的安心，您在外平安地工作，就是我最大的心愿。

还记得那是 2008 年的冬天，当大家都沉浸在新年的气氛当中时，您接到一个电话便匆匆离开了家，后来才知道您去了江西抗冰抢险，不能在家里过年了。对于我这个一年也见不到您几次的儿子来说，感觉身边新年热闹的氛围一下子都消失不见，但同时听说这次任务非常危险，输电线路倒塌不少，在深山之中完全没有道路可以走，全都要靠人来开辟救援道路，我又不禁为您担心，每天守在电视机旁边看抢险情况的直播。每天最期待的声音就是您来电的声音。

现在回想起来，结合自身工作经历，我体会到："安全"是一个永不褪色、永不枯竭的话题，安全始终在各项生产工作中占据首位。安全不仅仅是关系企业、员工个人的安危，还维系着千千万万个家庭的幸福和快乐。

自参加工作那天起，我接触的第一个主题就是安全。走上工作岗位师傅们给我讲的第一堂课就是安全。由于还没有经历实践，安全也没有使我有更深刻的理解，有时甚至觉得小题大做。时间如流水一样在身边走过，一晃我已参加工作三年了。三年时间虽然不长，但是我看到了太多因麻痹大意、思想懈怠、不良的工作习惯造成的安全事故，一起起血的教训，让人痛心，让人泪流，让那些失去亲人的家庭崩溃。"安全"这两个字，再也不能使我轻视，再也不能让我无动于衷。

安全需要系统全面的管理，安全需要认真仔细的态度，安全需要提高学习的思想，安全需要积极主动的行为。让安全浇灌我们的心灵，让安全滋润我们的生命。我们要如同呵护新生儿一样地对待安全，笑着讨论安全，而不是为死亡去哭泣。

父亲，您知道吗，您是我心中永远的榜样。您工作四十年，每一天都兢兢业业、认真负责，从未发生过一次安全事故，哪怕到今天您还奋斗在电力一线。您的学历并不高，有时候别人一个小时可以完成的事情，您可能需要三个小时甚至五个小时，但是您说过慢并不可怕，学历低也不可怕，只要仔细不出错，只要不断地去学习，保持每天都在进步，这就足够了。

入职以来，您的精神默默地影响着我，如今您的儿子也成为一名工作负责人。现在的我越发觉得不仅在生产中要保证自己的安全，还要把安全理念传送给身边的人，"潮平两岸阔，风正一帆悬"。只有营造一个浓厚的安全氛围，才能推动安全文化建设。安全工作不出现问题，生产工作才会得以一帆风顺的发展。希望有一天我也能成为像您一样的电力员工，国家的建设者。

您的儿子：喻龙海

（喻龙海，国网武汉供电公司）

回音壁

脚踏实地，做独一无二的自己

亲爱的儿子：

看到你的来信，我感到非常感动和欣慰，其实在我的心里一直想给你写点什么，但是却无言可表。

难得今天有此契机，以这种特殊形式，将我为数不多的人生体验传授给你，希望你能在当今这个浮躁的社会氛围中脚踏实地，做好自己。

请多读书，丰富阅历。

儿子，我在你这个年纪的时候，因为家庭条件的原因，早已步入社会开始打拼，读书少成了我这辈子最大的遗憾。随着时代变迁，改革开放，新中国的腾飞，我工作在竞争激烈的大环境中才真正领悟到知识的重要性。事实证明，失败的人都是因为曾经的不用心、不努力，时间永远只会偏爱有准备的人。如今的你早已大学毕业，进入供电公司成为一名电力工人，能够用你的学识在岗位上发光发热，我感到非常欣慰。但是请不要骄傲自满，人需要不断地学习，你今天多读的书，就是你明天翱翔的翅膀。只有不断学习新知识，才能让自己有更多的选择权和决策权。知识在日后的工作、爱情、生活中都会对你有帮助，你的气质、修养，一言一行都能淋漓尽致地体现出你的不凡。作为一名电力工人，我希望你不仅能博览群书，还要熟读与工作相关的专业书籍和安全生产书籍，你始终要记住，你在工作中的每一项决策、每一个工作任务、每一个安全措施都与自身和他人的生命安全息息相关，只有将这些知识烂熟于心，你才能够做到运筹帷幄，胸有成竹。

如果想赢，先学会输。

这个世界上没有谁能够随随便便的成功，更没有一蹴而就，只有厚积薄发，天道酬勤，人们常说，失败乃成功之母，胜败乃兵家常事。“台上一分钟，台下十年功”，我想把这句话送给你，那些成功的、赢得漂亮的人，私底下都付出了高于常人百倍的努力和艰辛，只有用汗水才能浇灌出胜利的果实。我希望你赢了，不要沾沾自喜，恃才傲物；输了不要妄自菲薄，一蹶不振。输不失志，赢不失态，输赢乃人生常态。你要学会跌倒了就勇敢地站起来，人生不要怕从头再来。如今你已经成为一名工作负责人，在日常工作中和安全管理上，我想说，你可以输，但是你每次都要想想你这次的输可能会带来什么样的后果，是否会导致安全事故的发生以及其他的不良影响，我希望你每一步都走得踏踏实实，都能够付出十二分的努力，做到问心无愧。

学会接纳，点亮别人。

人之不同，千姿百态。我始终相信，任何一个人，如果看起来比不上你，但他总有一个方面比你强。一个人，他在排斥很多人的同时，也一定将他自己局限住了。多看看别人的优点，多看看自己的缺点，海纳百川，有容乃大。人类的智慧已经将无数领域推到了一个极高的境界，如果你要在这个基础上向更高更远的彼岸进发，要靠的不是你一个人，而是团队。你需要向团队里的每一个人学习他们的长处，包容他们的不足，三人行必有我师，你在工作岗位上要多向经验丰富的老师傅学习实际操作经验，同时也要向年轻人多学习理论知识和其他技能技巧，这样你的进步才能够非常快，而在团队中你虚心好学的精神也会点亮每一个人，从而形成良好的工作氛围和学习氛围。

儿子，你已经成年，步入工作岗位，开启了属于你自己的人生旅程，我没有什么可以给予你的，唯有希望你能好学、正直、成熟。期待将来有一天你能够亲口告诉我：你都做到了。

最后真心地祝愿你：健康快乐，做独一无二的自己。

你的父亲：喻清平

安全就是幸福　安全就是团圆

吴志威

亲爱的爸爸：

不知您现在是否回家，在这阖家团圆的中秋，我想以一种怀旧的方式和您说说话。

怀旧，看到这，爸您肯定会反问我："你老了么"。呵呵，爸，在您面前哪能谈老，您都没老呢，我也许是长大了吧。

爸，月亮已经升起来了，她圆得像个白玉盘，又像一面明镜。您回家了么？妈妈一定在等着您回家吧。中秋是一家团圆的节日，看似赏的是圆圆明月，实则享的是天伦之乐。记得以前有多少个这样的节日，是我和妈妈一起度过，而您值守在单位或工作现场。爸，作为一名已经步入工作岗位的电力员工，此时此刻我已经能够理解为什么我小时候您总是无法回家过节，总是答应我下一次一定在家。我明白了对于您以及和您一样的电力工作者而言，家也许有时候只能是眺望着的，但永远会在心里。没有人不希望回到温暖的家，和家人享受其乐融融的团圆，但责任重于泰山，您和您的同事们只有舍小家顾大家，默默守护着这万家灯火。

爸，您要注意安全。"注意安全"，这也是您经常对我说的四个字。那时候的我还不能真正体会安全意味着什么，现在我明白了，安全就是幸福，就是团圆。以前，当听到安全生产事故时，我总是很漠然，总觉得那很遥远，不会发生在自己的身边，只是感叹和同情事故之下遇难的人和他们家中翘首盼归的亲人。而当自己成为一名电力工作者，当学习了一次次安全事故案例后，我知道了安全不仅与自己息息相关，它还是您永远的牵挂。您说过，我们对于安全工作绝对不能掉以轻心，因为隐患和风险总是虎视眈眈，无处不在。您说过，安全是一项常抓不懈的工作，永远都不能忽视，安全只有掌握在自己手中，我们才能安全奔走在银色的线路上，去迎接每一天清晨的朝阳。

爸，其实，您不再年轻了，您已有很多白头发了。这么多年，看得最多的是您的任劳任怨、不辞辛苦。几十年如一日，您和您的同事们一起走过了农村的角角落落和城市的大街小巷，踏过了家乡的山山水水和大江大河，保障了电力线路的安全运行和广大客户的用电需求。您在高考时保供电，迎接了一批又一批的考生，走出校园，奔向远方，也包括当时的我。

爸，我想起了辛弃疾的一首诗《太常引》："乘风好去，长空万里，直下看山河。斫去桂婆娑。人道是、清光更多。"我们作为电力工作者，为了什么？为的不就是让万家灯火更加璀璨，让皎皎月光与之相互辉映吗！这也是您日复一日年复一年坚守的初衷吧。

爸，您放心，我一定会将您的精神传承下去！我将沿着您走过的路，和您一起为电力生产保驾护航，共同守候这充满爱和幸福的万家灯火。

永远爱您的儿子：吴志威

（吴志威，国网黄石供电公司）

回音壁

你一定会成为合格的电力员工

亲爱的儿子：

首先很高兴收到你的来信，这个中秋你和我一样也不能回家陪伴妈妈了，步入了工作岗位就意味着肩上有了责任，你能够明白我真的很欣慰。

是的，儿子，今天晚上的月亮真圆，像高挂在夜空的明灯。只是你、我、妈妈虽然仰望着同一轮明月，却身处不同的地方。有缺憾，但应倍感自豪，因为我们在履行着作为一名电力人光荣而神圣的责任，让广大客户过上一个亮堂、喜庆而团圆的中秋佳节。只是妈妈一个人在家一定很孤单吧，今后你一定要多抽些时间陪陪妈妈，陪陪各位长辈，因为他们是多么希望我们能在身边一起团团圆圆过中秋节啊！

儿子，你参加工作了，真正长大了。爸爸曾经对你说过：希望你工作以后要爱岗敬业，踏实工作，做一个有责任感的人。今后你一定要像你身边的师傅们学习，做一个和他们一样优秀的电力工作者，以单位为家，全身心地投入到电力建设中去。学习他们舍小我，成大我，舍小家，顾大家的奉献精神。作为一名电力新员工一定要勤奋好学，绝不能疏忽懈怠，一定要立足岗位，尽心履责，努力践行“人民电业为人民”的服务宗旨。

儿子，我还是要说：一定要注意安全。安全是什么？对于企业而言，安全意味着发展；对于家庭而言，安全意味着和睦；对于个人而言，安全意味着生命！从小到大，你的安全是爸爸妈妈永远的牵挂。还记得小时候你因为调皮，手被玻璃割破了，妈妈为你担心得直掉眼泪。而现在你走进了工作单位，所做的工作更是和安全紧密相连，一定要始终把安全放在首要位置，为自己负责，为家人负责，为企业负责。因为安全不仅是一种态度，也是一种责任。

作为一名电力工作者，必须常怀“如履薄冰，如临深渊”的忧患意识和对规章制度的敬畏之心，认真学好《安规》，严格执行《安规》，将遵章守纪成为习惯，将安全措施落实到位。安全工作容不得一丝一毫的马虎和一分一秒的懈怠，因为一次习惯性违章也许就会酿成一场人间悲剧，将会彻底毁掉一个甚至几个家庭。

儿子，爸爸的确不再年轻，未来电力的发展最终要靠你们年轻人来实现。但是，爸爸也还没那么老，爸爸还可以在电力工作的路上陪你一起走。也许，你会走过我走过的路，但我相信你一定会走出属于你自己的路；你也会走过山山水水，踏遍大街小巷。只要你够努力，不久的将来你一定会成为一名合格的电力员工。

儿子，你看，那天上圆圆的明月和那星星点点的万家灯火，温馨而宁静，多么美的一幅画卷。我相信，有了无数个电力工作者在岗位上的默默坚守和无私奉献，那照耀归途、象征着家的万家灯火一定会更加璀璨。

儿子，你一定会有一个更加美好的未来！

一样爱你的爸爸：吴坚

温情可待常成忆　携手共浇平安花

黄新雨

爸：

您好！近日工作繁忙吗？在女儿写这封信的时候，南宁都市早已夜深阑静，星光隐耀。我赴校已一月有余，距离爸妈千里，今特觉思乡情切，似不能眠。不过女儿目前生活尚能自理，一切安好，望爸少为我分神担忧，专心工作。

九月的南宁依旧炎热，缺乏北方的凉爽。家乡已秋风飒飒，寒意渐浓。屈指算来，您已在电力基层单位摸爬滚打二十多个春秋，人到中年两鬓霜，半生浮沉半空忙，过往时光如歌，艰辛与危险同往。其实，爸爸，您知道吗？在小时候，我总是天真地为您“电力人”这一职业颇感自豪：工作稳固，薪水尚优，有玩具可买，有美餐可享；特不理解妈在你每次出工时的百遍念叨：“从从容容别慌啊，爬杆系牢安全带哦！”也不明白妈妈为何在您夜间抢修没回来前会失眠。后来才逐渐懂得：您的平安归来是您头上戴好的一顶安全帽，它时刻抵御的是突如其来的“飞来横祸”；您的安全是一条系在腰间的小小安全带，一端维系着家庭的温馨美梦，另一端却联系着可能出现的事故危险；您的平安归来是安全措施逐一执行的每个举动，它筑起的是一座坚固藩篱，藩篱里边是一圃春意青葱的美好家园，藩篱外边却是事故狂奔嚎叫的恐怖身影；您的平安是对绝缘工器具使用前检查的惊鸿一瞥，它是刺破黑暗耀眼的一道闪电，是阻挡死亡靠近时的一记响亮神鞭。爸，说句心里话，当我亲睹那些在事故中痛失亲人，抢天呼地、撕心裂肺哭喊惨状时，常酸涩在眼，刺痛在心，真切感觉到：事故人一转身的轻率离开，留下的是亲人一辈子的痛苦记忆。诗人艾青写道：“为什么我的眼里常含泪？因为我对这土地爱得深沉……”同样，我想说：为什么我的心里常记挂您的安全，也是因为对您爱得深沉……

爸，生活虽艰难如是，但我一直在寻找那种感觉，牵起爸爸一双温暖的手，踏实地向前走，不管前路风雨如何，我只想有一个完整的港湾，继续以往岁月的美好温馨。

最后再唠叨爸一句：安全为家庭幸福之本，事故乃人生悲剧祸根。

希望爸爸工作平安，身体健康！

女儿：新雨

（黄新雨，国网荆州供电公司黄昌华女儿）

回音壁

安全为家庭幸福之本

雨雨：

非常欣慰收到你的来信！了解到你在学校的生活状况，爸妈感到高兴。家中一切安好如初，切勿挂念！你的担忧绝非杞人忧天，也是我们公司上下一直所关心、重视的问题。当然，广义的安全也不止电力安全，各类危险隐患同伴着你、我、他。爸非常乐意同你交流相关安全心得，以期共勉。

诚如你所言，安全生产，重如山！它是每一个家庭美满幸福的基石。百丈楼台，起于垒土，倾覆坍塌，只需瞬间。家庭的平安、圆满，是爸的责任，更是义务，为了实现这一目标，爸爸不敢懈怠，不敢蛮干。庄子曾言：天地有大美而不言，四时有明法而不议，万物有成理而不说。“美”虽常在静默之中，“安全”也存在各电力人沉潜的“心”中。分析各类事故本质原因，不外乎事故人自身“侥幸麻痹”之心的表现。常见的现实是：安全“成理”虽在，“侥幸大意”却蒙，谚语有云：寒霜偏打无根草，事故专找大意人；贪图省力终生憾，侥幸心理酿祸端。爸获得的一点感悟是：安全意识是行动的指南，除却祸患，重在诛心，要诛懈怠之心，诛侥幸之心，诛傲慢之心，力获从容、审慎之心。

然而，安全管理毕竟是个系统工程，单凭个人力量难以完成，“相互关爱，共保平安”这一理想有待于各电力人在安全意识、素质、知识全方位的发展。纵观现实，持“有章不循、有规不守、视措施执行为繁文缛节”等观念的依旧大有人在，错误思想源头亟待清理。四不伤害原则，急需我们共同坚守，团结协作。我常常感叹：天灾有时无可避免，人祸应不难祛除。毕竟再完美的制度最终由人来遵守，也是由人来执行，前人用经验、教训刻就了现在的规章制度，后人决不能再重蹈覆辙。

目前，我们单位在安全监督上下了很多工夫，并取得了明显效果，这对爸及其他同事来讲，真是一项福音。“明职责，强安规，契实践”，是我们现在常抓不懈的基本功。我常铭记《中庸》上的一句话“君子素其位而行，不愿乎其外……君子无入而不自得焉”。按照爸的理解：“素其位”便是以人为本，立足本位，踏实做好自己，从意识到现实，从制度到检查，从管理到执行，从监督到整改，执行好每一个规定，落实好每一个措施，管理好每一个环节，不抱怨制度的烦琐，也不侥幸逃避违规的惩罚。我得出的总结是：安全靠什么？靠的是各位电力同仁严格自觉自律，齐抓共管的责任心。

许巍曾在他的歌中唱道：谁也不能阻挡，我对自由的向往，当你低头的瞬间，才明白脚下的路……回首往昔岁月，安全形势真是“雄关漫道真如铁”，安全事故的案例也屡见不鲜，但爸有足够的信心去面对挑战，给你一个温馨的家庭。最后我想说的是：孩子，祝你学业有成，健康向上！

父亲：黄昌华

安全要从细节入手

杜泽阳

妈：

您好！

早上出门上班，为了穿鞋的事情，我顶撞了您。现在坐在去山里巡线的车上，看着一座座高耸的铁塔一条条如织的银线，和清晨蓝天白云组织祥和美丽的图画，我突然想和您说一声：对不起，妈妈。

今天巡线，出门时我习惯性穿上我的网眼运动鞋，您从身后叫住我，要我穿安全鞋。我说您“真啰嗦”，然后依然没有换鞋就出门了。

刚刚在上车的时候，许师傅一眼就看到我的鞋子，同样问我怎么不穿安全鞋？我说：天气热，安全鞋不透气。师傅二话不说，拿出他的一双新安全鞋要求我必须换上，他说：“两穿一戴，是电力工人的安全基础。”他的话和您说的一模一样。

自从我参加工作成为一名输电巡线工，您就变了，从一个不急不躁的妈妈，变成了一个“啰嗦”的妈妈。您知道您变在哪儿吗？

您变成了一个“安规控”。新员工培训的时候，您问我：培训有没有《安规》的内容，我说当然有。您无比严肃地对我说：《安规》是电力人安身立命之本，是从事生产人员的行为规范，一定要认真学习，要我将《安规》熟背如流，牢记在心。那是您第一次给我讲《安规》的重要性，电力人增强安全防护能力是从熟练掌握《安规》开始的。我回答您说：知道了知道了。其实心中对《安规》还没有什么概念，以为不过是一项普通培训课程。后来不管是新员工培训还是班组的安全学习，《安规》都是学习的重要内容。而您更是我的《安规》学习督导员，上个月公司全员考《安规》，您也参加了，竟然要和我比赛，看谁考的分数高。我的妈妈呀，您真是谈《安规》就来劲呀。

您变成了一个“现场迷”。您虽是一名“老电力”，但您没有从事生产工作，您现在却因为我，对电力生产无比的热衷。您说，输电线路是电网的主动脉，我们输电工人就是电网医生，为电网把脉看诊要细致准确，才能防患于未然。我每一次出外巡线，出发前您都会“列清单”一样告诉我巡线时要注意的事项，回来后还要细细地问我巡线现场的情况，“覆冰”“舞动”“树障”“鸟害”这些词汇您现在是脱口而出，每一次您都要问我发现这些问题有多少数量。我的妈妈呀，有时候我真不想回答您。

我常笑话您：人老了真啰嗦。但我深知这是您担心我安全意识不牢工作中会麻痹大意。三年的工作实践，安全已经深深地扎根在我的心中，没有一个人会拿自己的生命开玩笑。师傅告诉我，我们是电力建设的新兵，也是电力企业的未来，安全意识就要从上班第一天开始牢固树立。他还和我签订了《师带徒协议》，常在实际工作中用安全事故案例教导我，要做到“不伤害自己，不伤害他人，不被他人伤害，保护他人不受伤害。”这既是安全意识更是安全责任，既要与班组同事在安全上互帮互促，也要对工作环境安全情况熟悉了解。我已经牢牢记住了。作为输电运检一位新兵，我不仅加强自我安全防护，还会当好安全宣传员，告诉每一名同事：安全是幸福生活的保障，是生命的基石。

总之，您放心，今早“穿鞋”这样的事情再也不会发生。

儿子：杜泽阳

（杜泽阳，国网黄冈供电公司）

回音壁

念念不忘，必有回响

小杜同志：

收到信我很欣慰，果真是“念念不忘，必有回响”。

你能认识到你所从事的工作安全的重要性，我变成一个“啰嗦”的妈妈也值得。

安全是供电企业永恒的主题，时时处处与我们的生产生活相关联。有太多的事故，用血的教训反复印证：忽视安全都将付出惨痛代价。

古人云：“平不肆险，安不忘危。”安全来自工作细节，来自日常点点滴滴，来自有备无患。这正是我经常唠叨“穿衣戴帽要守规章”的原因。公司有着良好的安全文化氛围，你在这样的氛围中要真正做到“学安全，懂安全，会安全”，在安全生产中履职尽责，勇当先锋。

今天巡线要注意安全，回来还是要和我说说现场情况。

妈妈周双双书

纸短情长，安全家书寄亲人

辛　鹏

亲爱的爸爸妈妈：

许久未回家，甚是想念，希望你们一切安好。

不知不觉入职电网已经六年多了，我已经从一个电力小青年成长为一个能独当一面的安全专责。但我知道，在你们眼里我永远是个孩子，永远被担心和挂念着。

妈妈时常发微信问我，一个人在武汉过得好不好，工作做得怎么样，有没有按时吃饭，叮嘱我工作中要注意安全。爸爸妈妈，如今儿子已经长大了，这些年我也在不断成长和进步，越来越独立，学会了承受风雨，学会了适应环境，更学会了珍惜生活。现在我从事安全管理工作，每天的工作日程排得满满当当。我也早就适应了“接地气”的生活，心沉下来就没那么多浮躁的情绪了，也从工作中收获了很多。

记得刚上班那会儿，爸爸每天打电话的时候都反复唠叨：“工作现场情况不明的不要随意去碰，不懂的要多向师傅们请教，多问、多看、多学……”以前我心气高，每每听到这些老生常谈的话总是敷衍地回答“好好好”“知道了”。现在我从事安全管理岗位，才深刻体会到“安全第一、预防为主、综合治理”的重要性，看似几个简单的词语，却实打实的关乎到每个人的生命安全，因此需要反复叮嘱、反复核查、按章办事、循规执行。安全生产关系着每个人、每个家庭的切身利益与幸福生活。

这些年，只要系统内外发生安全生产事故，我们都要认真组织学习。不但是给大家进行安全警醒，更重要的是举一反三，在工作中杜绝违章操作。就像爸爸常说的，安全是“1”，其他的业务都是“1”后面的“0”，有了安全的“1”，后面的“0”才具有价值、才增光添彩。安全工作是一定要万无一失的，不然就会一失万无。作为安全管理人员，我在日常工作中不敢有半点马虎，不敢有一丝懈怠，牢牢记住“不伤害自己，不伤害他人，不被他人伤害和保护他人不受伤害”和“身边无事故，岗位无差错”的工作理念。

每天上班的时候，我都会看一下电梯口旁边“安全生产 ×× 天”的计时牌，鼓励自己“今天也是创造安全记录的一天”。我把办公电脑的桌面换成了“生产作业现场‘十不干’”壁纸，时刻提醒自己稽查每个班组的作业计划时要认真仔细核对所填的票（单）是否规范、安全措施是否齐全、安全工器具是否合格、人员配置是否合理等一系列影响安全的不稳定因素。一旦发现有不严格按安全规程标准执行的情况，哪怕是再小再“无关痛痒”的细节，我都会毫不留情地指出，要求班组整改到位，绝不因“小情面”损害“大情谊”。因为“安全无小事，隐患无大小，生命高于一切，责任重于泰山”。

作为你们的儿子，更作为新时代电力人，我会不断加强政治理论学习和专业知识的学习，秉承老一代电力人的吃苦精神和奉献精神，在平凡的岗位上扑下身子、承担责任、不懈坚持。作为一名年轻、富有活力的现代电业人，我会努力做好安全工作，让家人安心，让企业放心。

借此机会，希望爸妈在日常生活中也要处处注意安全，儿子祝你们身体健康！

儿：辛鹏

（辛鹏，国网武汉供电公司）

回音壁

要始终把“安全”二字铭记于心

亲爱的儿子：

你的来信我们已收悉，你的工作情况我们已大概了解。

其实爸爸心里也有很多话想说，但又无以言表，今天借此机会和你交流一下。

你现在的岗位非常重要，要按照“管行业必须管安全，管业务必须管安全，管生产经营必须管安全”的总要求，进一步增强自己的忧患意识。安全生产是不可逾越的红线，近年来发生的每一起安全事故虽然形式各不相同，但都有内在规律可循。你会发现，很多事故都是因为对安全生产工作的细节不重视、安全管理不严格、隐患治理不认真而造成的。俗话说：“世间万物，生命最宝贵；百业兴旺，安全最重要”。安全生产责任重于泰山，任务也非常艰巨，你现在在安全管理岗位上，要有责任心，始终把每个人的生命安全放在首位，要切实担起责任。

儿子，作为新一代电力工人，要始终把“安全”二字铭记于心。安全也是一个企业生存与发展的基础，更是社会稳定和经济发展的前提。“电”是看不见摸不着的，规范操作、安全运行是每个电力员工的必修之课。一个疏忽，一次大意都会给个人、集体和家庭带来无可挽回的伤害。只有严格按规章制度办事，才能避免事故的发生。所以，你一定要做好本职工作，让爸妈放心，让公司放心。“不伤害自己，不伤害他人，不被他人伤害和保护他人不受伤害”已成为你参加工作应该接受的第一个安全理念。每一次外出工作，你的脑子里的第一反应是“安全”这根弦是否已经绷紧，开始工作的第一步应是安全措施是不是按照规程做到位了。爸妈只希望你一个人在外，一定要平平安安的，这也是爸妈唯一的希望。

祝工作顺利、进步！

爸爸：辛全武

安全需要我们每个人的理解、认同、参与和重视

林 涛

亲爱的父亲：

一别已有数日，家里一切安好吧？您的健康是儿子的福气，您的平安是儿子的欣慰。今提笔写信，希望您放平心情继续悠闲幸福地生活。儿子不在身边的日子您要照顾好自己，注意安全，因为幸福的前提就是安全，安全是幸福的港湾。

记得孩提时您牵着我的小手过马路，不厌其烦地叮嘱我，遵守交通规则，小心马路上来往的车辆；成长的岁月里，您教会我很多生活的常识，学会辨别是非，判断好坏，学会保护自我，在我人生成长的道路上渗透着您时时刻刻对“安全”的叮咛。

爸爸，您在电话里叮嘱儿子要注意安全，儿子谨记心间。从小您就教育我时时处处要以安全为重，“安全第一”的思想已牢固树立在我的心中。因为儿子知道：对于一个家庭，安全意味着家庭的幸福美满；对于一个企业，安全预示着企业的兴旺发达；对于一个国家，安全承载着国家的繁荣昌盛。安全关系到家庭、企业和社会的和谐稳定，安全是经典华丽的诗篇！

记得我刚刚参加工作时，您经常打来电话，把听到和看到的惨痛事故讲给我听，用血淋淋的现实告诫儿子：在生产、生活和工作中，一根小小的烟蒂，可能燃起熊熊大火；一次不经心的误操作，可能引发大面积停电事故；一颗松动的螺丝钉，可能引发机毁人亡；一次安全带没系好，可能导致高空坠落丧生……一例例事故警示着我：事故的发生，总是由一些“小问题”一点一滴地积累造成的，有思想的疏忽、有管理的漏洞、有责任的缺失。事故有大小之分，隐患无大小之别，勿以小事而不为，大事故往往都是看似小隐患引起的，决不能小视。从那时起我就知道：任何时候都不能放过“小隐患”“小失误”“小漏洞”，再小的隐患由于人的忽视或放纵都有可能酿成大事故。一起安全事故的发生，对一个企业来讲，损失是惨重的，可是对一个家庭来讲，它就不是能用损失来衡量的，是一场无法弥补的灾难。忽视安全带来的损失和创伤是难以用数字估算、用语言表述的，从您一次次的讲述中儿子越来越深深地体会到您的爱和关怀。

爸爸，而今，国家电网公司相关安全活动正在如火如荼地进行，我们公司上至领导、下至职工，认真贯彻落实“安全第一、预防为主、综合治理”的方针，传播安全知识、弘扬安全文化，营造“关注安全、关爱生命”的良好氛围。安全工作从细微之处抓起，工作前做好一切准备工作，如穿绝缘鞋、戴好安全帽、系好安全带以及设置安全围栏、安全警示牌等安全措施，并将其形成一种习惯。现场工作坚决杜绝违章指挥、违章作业，严守规程制度，做到“责任落实，不漏过一个细节；确认到位，不漏过一个疑点；从严整改，不留下一丝隐患”，时时刻刻提醒自己、警示他人，用责任心为安全筑起一道坚固的安全防线，使安全思想、安全意识和安全责任入脑入心。公司从积极构建和谐的企业安全文化价值理念入手，坚持“以人为本，珍爱生命”，提高职工安全责任意识，落实安全生产责任制，以实现“零违章、零伤害、零事故”，达到企业发展与职工和谐共进的双赢局面，所以，爸爸请您尽管放心，“安全”二字儿子始终谨记在心。

公司各项安全活动的开展使儿子深深地意识到，安全不仅仅是安全监察管理部门的事，安全是一种责任，需要我们每个人的理解、认同、参与和重视，就像您平时讲的一样，安全情系你我他，要把安全作为自己的一种使命，一种本能。对待安全工作，不论是决策者还是基层管理者和执行者，都应该持“举轻若重”的态度。不因事小而不为，不能凭经验心存麻痹侥幸的心理只做表面文章，也绝不能放纵自己得过且过的违章行为。在安全“小问题”上，要有强烈的责任意识、大局意识，始终坚守每个人的责任，做安全责任精益求精、不折不扣的执行者，将安全生产真正落实到工作和生活的实处，坚决做到“四不伤害”。所以，爸爸请您尽管放心，在这种大环境下，儿子将时时刻刻绷紧安全这根弦，把安全工作提到等同于生命价值意义的高度来对待，安全时刻谨记心中。

亲爱的爸爸，“我要安全、我会安全”是电力人永恒的诺言，儿子一定牢记您的谆谆教导、严守安全规程制度，请您勿念。此时此刻儿子在灯下挥笔书写，而今，您的平安幸福是儿子最大的祝愿和祈盼。

祝爸爸身体健康，平安快乐每一天！

儿子：林涛

（林涛，国网湖北客服中心）

回音壁

安全才能缔造生活的欢畅

儿子：

你好！

很高兴为你写一封安全家书。“注意安全”，听起来，很简单，最朴素，但是最实在，也最能体现父母对儿女的关怀。你成长的道路上渗透着父母的心血，而你的将来，承载着父母的希望。你是一家人的希望，你今后会不断认识到安全对你自身发展的重要性，要把安全防范意识牢牢记在你心里。

你上学的时候，比较喜欢运动，尤其是踢足球，免不了磕磕碰碰，三天两头扭伤了，崴脚了，印象最深的是你高三那年踢足球把脚摔骨折了，还住了院。全家人都为你担心，精心地照顾你。一再地提醒你注意安全，结果还是受了那么严重的伤。如今，你已经进入单位工作，你必须牢记安全是一种责任，安全是一种态度，安全是一种经验，安全是一种荣誉，安全是无价之宝。安全要警钟长鸣，安全伴你同行。

安全缔造了生活的欢畅，是安全赐予了我们生活的幸福。对于我们的家而言，你是幸福、美满的源泉。没有你，家将不再温馨，我将不再笑容灿烂。你也许从未意识到自己在家中的重要，因为你是健康的，你平安地成长，所以我们就会因此而倍感安宁。

今年是你参加工作的第八年，这些年里，你一定遇到过困难挫折，我们也相信你一定是克服了它们，化压力为动力，全身心投入工作中。你要时刻记得安全生产是你的责任，关系到全家的幸福与美满。

儿子，我把所有祝你平安的牵挂写给你，你读到的虽是只言片语，你读懂的将是我和你妈妈的情长。

儿子，我需要你和我一起手挽手庄严承诺：关爱生命、关注安全、保证安全！

父亲：林国强

安全是一份关爱

张臻琪

亲爱的老爸、老妈：

你们好！说来惭愧，二十年来好像第一次以这么正规的方式给你们写信，还请见谅。

不知不觉，你们从事电力行业已有三十多年了。我小时候，对你们工作不了解也不理解。印象里，我记得只要一停电，爸爸的 BB 机、家里的电话就响个不停。电话响了，爸爸就要出门。一出门，就经常半夜才回来。这让我一度十分憎恨“电话”。上幼儿园的时候，常常就是我和妈妈在家，总是妈妈一个人骑着摩托车去接我。有时候特别想让爸爸接送我，但是你总是下乡或是没在家。小小的我总是跟妈妈讲“电话”的坏话，也总是会偷偷地把家里座机电话线拔了，被你们发现后免不得一顿揍，这更加重了我对“电话”的讨厌程度。妈妈常常在饭桌上，边递给我大鸡腿边说：“在别的小朋友家里黑乎乎的时候，你爸爸要去帮别的小朋友呀！”我吃着鸡腿，若有所思地点点头。但其实，我就只是想你们都一起多陪陪我，小小年纪的我却只能把气撒在“电话”上。

慢慢地，我长大了，你们的工作依旧繁忙，但我已经开始理解了。2015 年，我也投入了电网的怀抱，这一年，我开始对电力行业有了全新的认知。它是一种特殊的行业，它给千家万户带去光明、带去温暖。同时，我也认识到电力行业是一个高危行业，在日常的工作中，安全一定是最重要的一个部分。

工作中，我们总会学习很多安全事故快报。安全事故猛于虎。一个意外，一个不小心，一个不遵规守纪，就会让生命处于危险之地，甚至毁灭生命、打破个人和家庭的幸福生活。如果在安全上打马虎眼，那简直就是拿生命当儿戏。《安规》中的每一条条款都是为保障安全生产的要求制定的，是经过血的教训总结出来的，唯有完全遵守《安规》，才能百分之百保障安全。唯有安分守己、循规蹈矩、踏踏实实做人做事，增强责任心，安全才不受威胁。所以，你们千万千万不能图省事，违规操作呀。尽管我知道你们的安全意识和责任心一直都很强，但是作为你们的儿子和一名国家电网员工，在这里，我还是想再啰嗦一句：你们的平安与健康是我最大的幸福和期盼。

人们常说：安全是条绳，牵着千万人；安全是根线，连着亲人念。希望你们看了我的信，每当工作时，就会想起我的叮嘱，从心里更加重视安全生产。不做好安全工作，对不起企业，更对不起家庭。

亲爱的爸爸妈妈，儿子希望你们时时刻刻提醒自己，从细微处做起，形成一种习惯。不管在生活和工作中，提醒他人安全是一份责任，一份真诚，提醒自己安全是一份关爱。这样，我们家人的幸福才会不断延伸。安全就像我们赖以生存的空气和水，虽然弥足珍贵，但人们总是在失去的时候才后悔莫及。所以我也一遍遍不厌其烦地提醒你们：请多珍重，注意安全。家人的笑颜总在梦的最深处陪伴，愿安全与我们所有人同行，愿幸福和你们常伴！

爱你们的儿子：张臻琪

（张臻琪，国网襄阳供电公司）

回音壁

平安是我们最大的期盼

亲爱的儿子：

你的家书，我们看到了，我们很感动也很欣慰，我们的儿子是真的长大了。

2015 年你入职国家电网，成为一名和我们一样的电力工人。转眼间，你工作已有四个年头了。这四年你也从一个稚嫩的少年，成为身兼重责的男子汉。电力行业相当艰苦，但你既然选择了接替父母的责任和重担，为了国家、企业的发展，你就必须要勇挑重任、砥砺前行。

作为你的父母，我们是你的第一任老师，我们的言行，直接影响着你。现在你是我们的同事，好多时候变成了你对我们唠叨。那些叮嘱的话语，我们铭记于心，希望这些嘱咐也同样深入你心。“隐患险于明火，防范胜于救灾，责任重于泰山”这是我上班时一直告诫自己的话，今天我以同样的话来告诫你。

安全是一切工作的基础，是一切工作的前提，是不可超越的先决条件。你上班后，参加过 2017 年的抗冰灾、保供电，我想你应该深知电力行业的重要性和特殊性，工作固然重要，但不能因此而忽略安全生产，你必须牢牢树立起安全生产的意识，不能有丝毫的疏忽和大意。因为一时的疏忽大意，都有可能酿成终身的悲剧，造成社会的负担、家庭的不幸。所以，千千万万不能放松安全这根弦。其实，很多安全事故，都是安全措施不到位，操作不当造成的，安全隐患不及时排除，一拖再拖，不按规操作、盲目操作，才造成了无可挽回的损失。只要我们牢记安全的重要性，不忽视隐患，不草率行事，不拿小事当没事，发现一处整改一处，不留死角，养成安全生产、安全操作的好习惯，安全事故就会远离我们，安全生产就能平稳发展。

今年以来，公司开展了春、秋季安全大检查，每周的安全学习日，人人参与考安规，领导深入一线查安全，安质部的安全稽查，大力开展反违章、全力保安全和安全指挥平台的应用等等一系列安全活动，就是要我们电力员工做到杜绝违章，坚守安全生产底线，把安全工作做细做实，安全要求不当“耳旁风”，安全稽查要用铁的手腕，抓违章日常安全管理更不能浮于“表层、表面、表演”。

我很高兴你能成为青安先锋的一员，到一线发挥你应有的作用。在你工作的这四年多的时间里，我们看着你一步一个脚印地走着，也感受到了你肩膀上的责任在一点一滴地加重，你已然从一个鸡腿就能哄好的小屁孩蜕变成了一名稳重、踏实的男子汉了，不，应该是一名有责任、有担当、有信念的国家电网员工了！

我们深知你的个性，干任何工作都想精益求精，永冲第一。但你有时候也会马虎大意，这种坏习惯带到工作中是非常危险的。现在你是一名工作负责人了，你带着组员出去作业，一定要严格执行标准化作业流程。安安全全完成工作，安全将同事们带出去，安全将同事们带回来。我和你爸希望你在日常工作中一定要注意安全，千万不能麻痹大意，特别是在安全施工中，要有安全防范意识，认真做好安全措施，做好危险点分析。我们切实地希望你在工作中紧绷安全这根弦，时时讲安全，处处讲安全。都说平安是福，你平平安安就是我和你爸最大的幸福呀！

人来车往，看几多情意无涯。春风几许，望着你远去的背影，我们总是默默地祈祷，平安地去，平安地回。这是我们心中对你深深的期盼。

爱你的老爸（张先波）

爱你的老妈（王砚红）

杜绝违章，共建平安工程

朱怡爽

亲爱的爸爸：

您好！

第一次提笔写安全家书，总觉得无从下手，无从说起。本想随便写下，但细细一想，在全国上下开展“不忘初心，牢记使命”的关键时期，在电力基建形势严峻的时刻，开展写家书活动，并不仅仅是一种形式，而是希望通过写家书这样一个过程，让我们叮嘱身边最亲近的人，要倍加重视安全规章和各项工作制度，为我们“共同的家”撑起一片安全稳定的蓝天。

时光如白驹过隙，弹指一挥间，我在鄂电监理公司参加工作已满十四个月了。虽然我平时更多的是从事一些综合性的工作，但也属于广大的基建战线中的一员。您知道，在过去的一年多时间里，经过了省公司对直属单位新员工安排的轮岗实践，经过了国网技术学院长达一个月的综合培训，经过了历次法制安全教育的洗礼，我逐渐从一个电力门外汉成长起来，积极参与到电力安全文明的建设中去。我参与了鄂电监理公司对国网公司基建改革 12 项配套政策改革的内容展示活动，也知道了“5・7”“5・14”事故对电力行业带来的深远影响和持续阵痛，这些无一不提醒着我，安全施工、基建安全是多么重要的一件事，是所有的在建工程的灵魂。

这一段时间，您由于工作变动，从地市公司建设部到了施工单位，经历了从建管到施工、从甲方到乙方、从管安全到做安全的转变，我明白您身上所肩负的安全使命和责任又重了一些。想到过去，我曾目睹了您和您的同事们以及其他所有建设者们战高温斗酷暑、“5+2”全年无休的工作状态，见证了蒙华铁路荆门北、青桥牵引站外部供电工程在你们手中从无到有的整个过程。是你们的辛勤付出，保证了蒙华铁路在国庆七十周年这一重要时刻按期通车，向祖国母亲献礼。作为一名和您一样的电力人，尤其作为您的女儿，我为您感到无比自豪，也无比兴奋。

同时，我也知道建设过程的艰辛，你们每一个建设者都能勤勤恳恳、兢兢业业，在工作中实现自己的人生价值，为社会的进步、电力事业的发展出一份力、尽一份心，我为你们感到骄傲。但安全的“达摩克利斯之剑”在你们头上高悬，因为，电网建设容不得半点虚假，任何时候你们都不能放松警惕，必须牢固树立“安全第一，预防为主”的思想，千万不能麻痹大意，更不能有任何侥幸心理，只有严把安全关，事事处处想安全，事事处处为安全，保护好每一位同事的安全，保证他们每一个家庭的幸福，才是我们企业的最大效益之所在。我记得您常常对我说：“安全责任人人共担，安全成功人人共享。”这话一点也不错，只有每个人心中有红线，方能在关键时刻手中亮利剑，要把生产安全、建设安全牢记心中，把安全规章、安全制度作为不可逾越的标杆，从思想上、知识上、行动上武装自己，在建设项目管理和人员考核过程中将安全因素树立为所有的“0”前面的“1”，没有了这一个“1”，再多的“0”都是无济于事。

现在又进入年底收官的关键时期，正是你们拼搏奋战的时候。您要多到现场督促安全工作，多跟同事们交流，多叮嘱、多唠叨，时刻紧绷安全这根弦，时刻敲响安全这个警钟，让全体建设者增强安全意识，落实好安全责任，保护好自己，保护好他人。因为，他们的平安也是您的平安，更是无数个家庭的平安，更是企业最大的平安！我衷心祝愿，在您严格的领导下，所有的工地平安、工程顺利，所有的人员都能安全回家和亲人团聚，杜绝严重违章，共建平安工程！

此致

敬礼！

女儿爽上

（朱怡爽，湖北鄂电监理公司）

回音壁

用心创造平安工程

爽：

来信已收悉。能主动关心我们电网建设，说明你已成为一位名副其实的电力工作者；能主动关心我们的安全工作和职责，说明你已真正融入了工作岗位，适应了工作环境，理解了安全对每一位电力人的重要性。看到你的成长，我深感欣慰。

近两年，电网建设确实经历了改革的阵痛。从丰城电厂的“11·24”来看，整个电网建设环境发生天翻地覆的变化，正在逐步向规范化、标准化、科学化管理迈进。国家电网公司适时提出的“深化基建队伍改革、强化施工安全管理”12项配套政策，用改革的办法破解影响施工安全的难题，用壮士断腕的决心推进改革，从管理模式、劳动用工、薪酬分配、管控机制等方面提出了一揽子解决方案，夯实施工安全基础，提升基建本质安全水平。

今年，我从建设部转战到了施工集体企业，经历了角色的大转换。就像你说的从甲方到乙方、从管理到施工，对电网建设有了更深层次的理解，也采取了很多措施保障每位一线员工的安全。从管理安全上，我们细化分包安全质量管理，提高分包队伍准入门槛，将优秀的分包人员纳入“四统一”管理；在本质安全上，我们更新装备，添置大型机具，用机械化水平代替人工作业，减少作业风险；在行为安全上，我们加大安全稽查、检查力度，利用“互联网+”实现远程实时稽查，将视野与一线人员保持同步；在装置安全上，我们对现场机具进行严格检查，对不符合要求的工器具坚决清除出场；最重要的是在人员安全上，我们将培训考试形成常态，注意可视化培训与现场培训，做到逢进必考、逢进必优，保证现场的每位人员都熟悉必备的安全知识，做现场安全“明白人”。

请你也相信，通过各种措施，我们必将守住现场安全防线，打牢安全基础，建好安全文化，保护好现场每位同志的安全，用心建设好平安工程，毕竟，平安在，家常在！

爱你的父亲

安全是一场持久战

明　欢

老明：

许久不见，微信成了我们知晓彼此信息的主要渠道，虽然是碎片化的交流，但是你我每日的动态都是尽然掌握、令人安心的。这是我第一次给你写信吧，想来，若不是因为省公司组织的这次活动，我们之间的书信交流还是零。

这么多年，在你的宠爱与磨砺下，我大多时候像个男孩子一样，耿直爽朗、大大咧咧，连领导都说我像个“小子”。可每当触及真心，或者有些心里话想要对你说时，要么是羞于启齿的，要么是被你“钢铁直男”的气息给淹没了，然后还要再反思一下，自己是不是过分矫揉造作了。不过写信也挺好的，那些开不了口的话，索性就以这样的方式倾诉给你吧，让你知道我和妈妈总是挂念着你，挂念着你的安全。

还记得我小时候的一个故事么？那时你在供电所里从事营销抄核收工作，我在城区的外婆家读幼儿园。周日下午，你带我上街溜达了一圈，便把我送到外婆家，然后趁我不注意的时候，搭车去了所里。扭头看不到你，我哭得稀里哗啦的。外婆为了哄我，骗我说，你收的电费被人偷了，所以得赶到所里去抓小偷。听完外婆的话，我哭得更厉害了，边哭边说：“那是公家的钱，不是我家的钱，掉了可怎么办呀？”

后来，这件事被外婆当成笑话讲给亲戚朋友听。不知道你听完这个故事是什么感受，反正现在的我，再忆起这件事时，会感觉自己有点“幼年早熟”。那么稚嫩的年纪里，就开始挂念着你，以及有关你一切的安全。

在你从事农网线路运维工作时，我已经成年了。对你的工作，或多或少有点概念。你是个稳重的人，我跟妈妈都挺放心你的。可是每逢刮风下雨天气，你那响个不停的手机铃声，以及你“沉不住气”想立即赶往抢修现场的言语及行为，都像一根根银针往我和妈妈的心里扎，我们挺害怕的。

知道拦不住你，就由你去做你觉得应该做的事情。你前脚踏出门，我和妈妈的心就悬着了，估摸着时间给你打电话，问你是否安全到达。再估摸着时间，看看线路故障是否处理完毕，你是否安全回到所里休息。知道你忙，多的话听不进去，所以千言万语只能汇成一句“过细点，路上骑车子搞慢点，到了给我们打电话”。你好好想想，这话是不是听得耳朵都起茧了。

再后来，我们成为同事，你也在工作中进步了，成为供电所所长。以为你可以不用再风里来雨里去了，可谁知，对你的担忧却丝毫没有减弱。因为是同事，因为了解，所以担心，牵挂你安全的事情越来越细，越来越多。

你是一所之长，登杆作业的机会变少了，我们以为可以稍稍放宽心，只要求你慢慢开车，注意控制饮食。可是作为供电所所长，落在你肩头的安全责任，也都落在了我和妈妈的心里。你要安全，全所的同事也要安全。安全不是一时之事，是一场持久战，需要你们时时警醒，时刻准备，我们希望的、要求的，是你和同事们长久的安全。你是一所之长，官阶不大，可以说是我们单位里的“芝麻官”，但我也害怕你在利益面前迷失自己。你知道，我向来欣赏崇拜的是君子的气节，很少在你面前提需求，就是希望我的父亲如兰一般、如莲一般……

不知不觉，夜已深；不知不觉，也说了这么多了。那这一次的书信，就写到这里好了。你尽管放心我吧，在外集训的日子里，我认真复习备考，饮食控制得很好，休息时间还和同事打打球，没有什么安全隐患，一切安好。

最后，希望写信能成为我们之间沟通的常态。

希望我的老父亲、老母亲，展信一切安好。

身体好，心情更好……

你的黑心棉袄：明欢

（明欢，国网黄冈供电公司）

回音壁

努力到无能为力　拼搏到感动自己

丫头：

接到你写给我的信后，我感慨万千，我的丫头终于长大了，也有可能要从爸爸妈妈的怀中飞走了。想到这里我除了有些伤感外，更多的是欢喜，也谢谢你对我性格的理解，也谢谢你和妈妈对我工作的理解。

正如你信中所说的，自我参加工作时起，安全一直与我息息相关，无论是外出抄表收费，还是登杆作业，或是从事管理工作后，带队外出施工，工作中的一切一切都与它紧密联系在一起。这些年来，我大部分时间都是忙于工作，疏于关心家中的一切，也包括对你成长的关怀，写到这儿，爸爸要对你妈妈与你说一声对不起，对于你妈妈的辛勤付出我一直心怀愧疚，但却因不擅于言辞，只好默默无语。

也可能由于我不太会说话，在家里有时对你妈妈和你态度不好，你们都闷在心里不好说出来；在单位里，也常常因为工作推进慢或是指标压力完成不理想，我对职工也凶过，啰嗦过，他们可能碍于面子，也沉默或是转身就走，可能是我的性格使然吧，凡事直来直去。

但幸好，随着长时间在一起生活和工作，家里有理解我的妻女，单位也有理解我的同事，他们从开始的不理解，有怨言变成慢慢理解。但我也知道，我有时候言语也伤害过你们，还有一起工作的同事们，对于你们包括他们对我的包容我很感激，这也成为我生活和工作中不断前进的动力。

丫头，你参加工作也好几年了，爸爸知道你是一个懂事的孩子。在生活中我是你的父亲，在工作中我们则是同事，这种关系将会一直伴随着相当长的时间。每当看到你在公司取得一点成绩的时候，爸爸是由衷地为你感到高兴，但有时看到你在公司常常加班到很晚的时候，我和你妈妈又感到很心疼，但又不能替代，也许这就是无奈，但没有哪一个人能随便成功。

丫头，在外注意安全，注意饮食，多打电话给你妈妈，她最牵挂你。

虽然怕你飞离我们身边，但知道你终将离我们而去，可无论你飞到哪儿，也始终在我与你妈妈的心里。

丫头，如果你在工作中有什么苦恼的地方，不能同妈妈说，那么请同爸爸说，毕竟我还有些工作经验，但我要说一句，不许闷在心里谁也不说，那样更会让我们担心。

我看到有本书上写道：努力到无能为力，拼搏到感动自己，当你回首往日时光的时候，你才能无怨无悔。爸爸将这句话送给工作中的你我，愿你我共勉。

永远爱你的爸爸妈妈

紧紧抓住安全这根红线

张　哲

亲爱的爸爸：

您好！

说来惭愧，这是儿子第一次以书信的形式向您报平安。近日省公司组织了“安全家书”征集活动，后知后觉的我此时才发现自己忽略了一些不该忽略的东西。思忖良久，实在想不出什么华丽的辞藻，也许男子汉之间的对话就是这么朴实无华吧。

安全，是一个永不褪色的话题。

还记得在上幼儿园时，有一次放学，看见前面有个小朋友反坐在摩托车后座上面朝我挥手，我立马也学着他的样子跳上摩托车和您背靠着背，心想着这样就可以一直看着和我青梅竹马的小女孩了。“啪”清脆的一巴掌，我的小屁股有点疼，您让我从白日梦中惊醒，带着不容抗拒的语气对我说道：“给我坐好了小猪仔，抱稳老爸的腰，你再搞这些危险动作以后自己走回家！”那时的我十分不理解，还在妈妈面前告状说您又打我了。后来，学了高中物理的我才知道，如果我反坐在车后座，万一碰到什么紧急情况您一脚急刹车，由于惯性我的头部将迅速后仰，失去平衡，后果不堪设想。每次过马路时，您会紧紧牵着我的手，提醒我走斑马线、左右看；每到天热时，您又不厌其烦地告诫我，不准私自下河游泳；当我学会骑自行车时，您会指着我膝盖的伤疤说下次再学人飘移耍酷，自行车就改成轮椅送我了……我想，从儿时的记忆起，“安全”这两个字就深深刻在了我的心里。

现在我工作了，是个男子汉了，可以照顾自己了。但每每与您通话时，您的叮嘱让我明白，在您心里我仍然是那个没长大的小猪仔，而您最多的嘱咐与挂念都是我的安全：腊月漫天飞雪时，我手脚并用，匍匐在金塘一回线路上清理倒伏竹障时，“山里雪更大，注意脚底打滑，小心竹子回弹打伤自己，送完电立马回家洗个热水澡，姜汁可乐已煮好”；夏日骄阳似火时，我一刻不得闲，穿梭在城关大街小巷连办 11 张工作票时，“今年温度太高了，出去抢修施工时备点藿香正气液，切忌一时贪凉猛灌冰水，回家了好好休息，绿豆汤已在冰箱备好。”

或许是因为我在电力行业的生产口工作，您对我安全方面的挂念只增不减。不过您放心，我们单位十分重视，始终把控安全生产这根红线不动摇，上至单位一把手，下至班组长，安全始终是各级领导在月度生产会、周工作例会时强调的问题。召开安全会议，学习《安规》，互相交流，谈安全问题，做安全汇报，从他人的教训中吸取经验已成为我们的工作常态。我知道，只有我平安健康，您才能放心。

平安，是对父母最好的孝顺。老爸，我会谨遵您的嘱托，把“安全生产、平安生产”扎根于心，在今后的工作中，为了你们，为了自己，坚决杜绝违章，保障自己和他人的安全，高高兴兴上班，平平安安回家。您也要保重身体，少抽烟，多运动，您身体健康，我在单位上班也才安心。

祝安康，儿敬上。

儿子：张哲

（张哲，国网咸宁供电公司）

回音壁

对安全始终保持敬畏之心

亲爱的儿子：

你好！

收到你的来信，老爸心里是温暖的，为你逐步成长为一个真正的男子汉感到欣慰。咱们父子俩相处二十多年来，这是第一次以书信的方式进行沟通。在这个信息高速发展的时代，大家讲究迅捷二字，几乎都是通过电话、微信进行联络，信件这个传统老套的联络方式几乎很少用了。多亏了这次你单位举办的“安全家书”活动，让老爸把平时里没有对你说的话，用文字的方式与你娓娓道来。

小时候的你，对新鲜事物充满了好奇心，调皮冒险的事可没少做。为了让你平安、健康地成长，老爸只好以严父的形象，轻则训斥、重则敲打地好生“照顾”你。每每谈到有关安全的话题，老爸那副“凶神恶煞”的面孔让你十分忌惮。年幼的你尚不能理解老爸的良苦用心，此时的你应当逐渐明白，只有时刻对安全保持敬畏之心，知道有所为有所不为，才能自觉约束自己，不做危险之事。

从20世纪80年代的“八一煤矿”应急救护队，到如今的安全生产监督管理局，老爸可谓是和安全打了半辈子的交道，见过的大大小小的安全事故不可谓不多，其中90%以上的是心存侥幸、安全措施未做到位而造成的。究其根本，就是对安全缺少一颗敬畏之心。

国家领导人习近平曾指出：“人命关天，发展绝不能以牺牲人的生命为代价。这必须作为一条不可逾越的红线。”讲安全就是保护生命，这并非小题大做、危言耸听。你在电力行业最前沿的地方——生产一线班组，平日打交道的都是各类电力设备，稍微不注意就会危及人身安全；所以老爸得再三强调，对安全要心怀敬畏之心，对各项安全规章制度保持敬畏。你要知道，人身安全是安全生产永恒的主题，作为一名青年员工就更应该常怀敬畏之心，宁做安全的胆小鬼，不做事故的冒险者，谨防惯性思维，以小心谨慎的态度对待每一次生产作业，用认真细致的要求完成每一次生产任务。敬畏规章制度、吸取事故教训，只有胸中有畏、心中有怕才能确保安全、执行规章、落实制度。

儿子，敬畏之心不仅仅是防范人身安全，作为一名党员，思想作风方面尤其需要注重安全。老爸送你两句话：思想上务必做到心无旁骛，积极向上不偏移滑坡；作风上务必做到廉洁自律，干净干事不违法乱纪。

安全，从来不是嘴上说说而已，把安全当作一种学习才是真正刻在心里。这不，老爸一把年纪了，都在参加2019年应急管理普法知识竞赛，每天都有不同的考题，每天都可以学到新的安全知识。把安全当作一种知识去学习，活到老、学到老。老爸在以身作则，你小子可得好好把《安规》吃透了，不要掉队。

爱你的老爸

用心筑牢基层安全的防线

胡乔乔

尊敬的父亲：

您好！

中秋节时买给您和妈妈的酸奶还在喝吗？相聚的日子总是这么短暂，才回去没两天就又离开了。我现在已经到单位了，一切都非常顺利。这几天正在参与对二级单位的秋季安全大检查工作。

自 2015 年毕业以来，我一直在安陆供电公司安全监察部就职，主要对配电作业现场开展安全稽查和对供电所日常安全工作指导。

县级供电公司所负责的配电网系统是整个国家电网的最后一公里，直接关系民生用电质量，因此配电网日常巡视、检修、维护一直是我们的主要工作之一。我们作业的电压等级从 10 千伏到 220 千伏不等，然而即使是最低电压的线路也会对作业人员的人身安全造成威胁。随着全社会对安全的日渐重视，电力行业的安全监察体系逐渐健全和专业化，我十分有幸在工作之初就赶上了这一浪潮，成为安全监察部的一员，负责协助保障单位各类施工、配电及营销类作业的安全运行。

在领导的关怀和指导之下，我深切地了解到自己肩负的责任重大，所以从未懈怠对专业技能的学习掌握，以期通过自己扎实的业务能力和丰富的理论知识及时有效地纠正作业人员的不安全行为，并通过不同的方式带领大家向标准化、安全化作业的方向发展，力求将安全事故压降为零。

我虽身在机关部室，但仍时刻关心一线作业人员的工作状态和作业安全，经常积极主动下到现场查看工作票和安措，指导完善相应措施，对一线人员进行教育，并嘱咐工作负责人关注作业人员安全。在工作中我积极探索优化安全管理的方法，主动聆听二级单位的意见，认真总结上级指示，并汇总编写指导文件，发给各个单位，或直接组织人员召开学习宣讲会，宣传工作重点，普及《安规》《两票细则》《一本通》“十不干”“十二项”禁令等相关安全知识，全力提升全员安全素质。

三年来，在兄弟部门的协助指导以及二级单位的大力支持之下，我们的安全管理工作日渐顺利。一线作业现场在安全管理提升方面都有了巨大的进步，作业人员对于安全的理解也发生了深刻的变化。大家从最初的消极应付，到现在的主动配合，并积极主动寻求方法进一步提升作业现场安全管控能力，积极落实“四不伤害”，共同营造安全氛围。在大家的积极努力之下，我们单位的安全事故发生率骤降，违章现象也明显减少，这是所有人共同努力的结果。

感谢父亲多年来对我工作的理解和支持，我希望在接下来的工作中和我的同事们能够取得更大的进步，成为一个优秀的电网人！

您的儿子胡乔乔

（胡乔乔，国网孝感供电公司）

回音壁

不要有半点傲骄之态

亲爱的儿子：

你好！

爸爸已经收到了你的来信，你买的酸奶我们都在喝，味道很好，爸爸妈妈身体都很好，尽管放心。

我认真看了你最近的工作介绍，家里人都为你感到骄傲。我们很早就知道国家电网是服务民生的重要力量，也一直希望你能够奉献自己在学校里所学的知识回报社会。电力行业的危险性我们早有耳闻，所以我们最初对你还是有些担心的。自古“宰相必起于州部，猛将必发于卒伍”，一个优秀的足以担当大任者都是在一线中磨砺出来的。所以我们希望你虽然不能在一线作业，但也一定要经常深入到一线去，关心和了解一线工人们的艰辛，充分和他们交流。思考如何进一步提升他们的安全保障，如何激发工人们的工作热情，为社会创造出最大的价值。

无论在日常安全稽查、工作检查、还是管理考核过程中，你要深知自己的权力是上级赋予的，这是充分信任你，也在着实考验你，你必须时刻认识到为人处事公开公正的重要性，要本着为大家服务的态度与他人接触，决不能有半分傲娇之态，这样才能真正让别人认识到你为大家服务的良苦用心。你思考出的新颖的管理模式才能推行下去，开办的各类活动大家才会积极参加，设置的考核方式大家才会积极听从。这样你们公司的安全管理才能更上一个台阶。

你在家常和我们提起的“十不干”“十二项”禁令等安全工作要求，自己一定要首先牢记于心，你去考别人，首先就要让自己经得住考验，经得起问询。

太过专业深入的知识我们也不太了解，进一步的事理只能靠你自己去把握。每周能看着你安安全全、开开心心地回家，品尝着你带回来的各种小吃，爸爸妈妈已经感到心满意足。

希望你在接下来的工作中能取得更大的成就！

爸爸妈妈

安全是你的天，你是我们的天

黄伟炜

亲爱的父亲：

现在是晚上 12 点半，您还在幸福家园现场指挥督导电力电缆故障排查。已经数不清您有多少个夜晚是为了工作而让我和妈妈担心您的身体。作为电力公司分管安全生产的负责人，每逢重大的抢修现场您必会在现场履职履责，督导现场施工安全，把电力工人们的安全始终放在第一位，您不仅提供了保障并且还是他们的坚强后盾。

还记得 2016 年我刚入职供电企业的那年夏天，县城遭遇了百年罕见的特大雷暴雨天气，电力设备遭受了巨大的破坏，多个乡镇大面积停电，特别是七里镇区出现倒杆断线 656 处，天台山管委区深山里的电杆更是全部被摧毁。我清晰地记得您连续 18 天晚上没回家，一直坚守在七里防汛救灾现场指挥督导电网抢修工作。为了尽早恢复供电，您几乎是彻夜带领辛苦的电力工人和基层员工进行立杆架线和申报物资材料计划。回家后您一句话都没说倒床就睡着了。记得您曾经告诉我：“儿子啊！电网建设工作任重道远，你一定要将安全放在首位，不要怕苦怕累，你还年轻，以后还有很多路要走，很多机会很多舞台让你展现自己，但是你必须给我记住安全是至高无上的，你得从心底里敬畏它，时时刻刻提醒自己安全第一。”

2017 年迎峰度夏期间，城区配网遭受高温大负荷的冲击，导致 56 台配变因过负荷烧损。那段时间微信工作群里每天晚上都是不停地更新着变压器烧坏、喷油、爆炸等触目惊心的图片，而看到这些设备损坏图片的同时我也清晰地看到您在现场督导工作的身影。看着您被汗水湿透的衣服和冷静沉着的工作态度，我更加坚信您对我的一番教导：安全生产大于一切，没有安全就没有幸福生活，没有安全就没有坚强的电网建设发展。

父亲，你心里时刻惦记着安全，你可知，我和母亲时刻惦记你的安全。在您眼里，安全就是一切，可是，在我和母亲眼里，您就是我们的天。

亲爱的父亲，您为电力事业发展贡献了 33 年的时间，但您始终把安全二字放在心中不敢去怠慢它。您说您见过、听过、说过很多很多安全生产的案例，也学习过培训过很多很多的安全知识，我听您说过的最多的话就是提醒工作在一线的同事要始终把安全放在首位。

亲爱的父亲，您要相信我，我会始终将安全、敬业放在首位，用实际行动践行自己的承诺。在今后的人生道路上，我会将您的敬业、勤劳、责任、奉献精神传承下去，做一个有责任、有担当、重安全的时代新青年。用创新开拓新的追求，用奉献谱写灿烂青春的辉煌，用责任践行我内心的允诺，为建设坚强电网贡献自己的青春和力量。

您的儿子

（黄伟炜，国网黄冈供电公司黄学明儿子）

回音壁

做一份工作，就有一份责任

儿子：

今天是国庆假日的最后一天，不好意思，我又失约了，没能在家陪你和妈妈。每次有抢修任务时，我都不忍心看你失落的表情。但是做一份工作，就有一份责任。往大了说是为了万家灯火，往小处说也是为了责任和担当，为了给你们作出榜样。

每当你提醒我注意安全，作业时保护好自身时，我知道你的担心，我也会视安全如天的。我分管安全生产七年，每一次施工、每一处抢修，该有的安全措施，会出现的安全隐患，我都能做到心中有数。违反安全生产的事坚决不做，确保自身安全，保护他人安全。你和你妈妈的笑脸就是我安全回家的动力。我会高高兴兴出门，安安全全回家。

顺祝国庆节快乐！

你的父亲：黄学明

有您在，家才有安全感、幸福感

宋 立

爸爸：

您好！前几天接到了妈妈打过来的电话，说过几天就是您的生日，叮嘱我当天打个电话或者发个短信祝福一下。计算了时间，我考虑用写信这种传统方式进行交流，可以完整表达我的意思，估计收到这封信的时候正是您生日当天。虽然按现代社会的生活节奏，用手机或者微信的方式进行交流更快捷，但我今天写信就是希望给您一个惊喜。同时，借此机会表达对您生日的祝福：祝您生日快乐！

电话中妈妈告诉我，就在今年 7 月 1 日建党节之前，您被所在单位的党组织正式吸收为中国共产党党员，我认为这是您收到的最好的生日礼物。虽然您已经 50 多岁了，思想上仍然要求进步，这让儿子非常感动，也为我有这样一位父亲感到自豪，为我党增加了新的成员感到高兴，也献上我这名“老”党员的真诚祝贺，希望您不忘初心，牢记使命，继续前进。

当然电话中我妈说得最多的是对您的抱怨。特别是这段时间，您几乎每天早出晚归，没有节假日，脸晒得非常黑，这从您脸上留下的安全帽带的印子就可以看得出来。关键是您有高血压，常年在吃药，这样不注意休息，对身体相当不好，这对于奔六的您来说是不合适的。她要我借此机会劝劝您，毕竟有一把年纪了，要结合自身的实际合理安排时间，这样对事业和家庭都有好处。

听了我妈的吐槽后，我也想马上给您打个电话，但冷静后我在思考如何说服您。从角色上来说我也是国家的人了，我在部队服役同样也要完成上级交给我们的各项战备任务，每年我也必须完成体能达标考试。虽然我是一名老兵，但与入伍的新战士一样也要完成各项考核。要完成任务必然要付出努力，坐在办公室是完不成上级交给的任务的。我妈要我劝您，我也在犹豫。说起来，虽然我们岗位不同，但我们有同样的家国情怀：我的目标是为建立一支强大的人民军队，实现习总书记提出的强军梦，献身国防事业；而您是为建设新时代中国特色社会主义强国，为电力发展贡献自己的一分力量。如果大家不努力，那么习总书记提出的中国梦怎么能够变成现实。如果没有一个富强的国家，我们小家的幸福也将无从谈起。

当然，我们父子之间的交流，谈完大道理，也要回归本真。从个人私心来说，我希望您合理安排作息时间，将自己的本职工作完成后，注意身体，毕竟这个家不能没有您，有您的家才更有安全感，更有幸福感。

由于时间关系，加之文笔有限，我就说到此。希望您身体健康，工作顺利，生活愉快。

此致

敬礼！

儿子：阿立

（宋立，国网鄂州供电公司宋俊文儿子）

回音壁

父子同努力，共筑中国梦

阿立：

你好！来信收到，谢谢你的生日祝福。平时咱们父子之间的交流基本是电话或者微信，所以收到你的来信，还是有点惊喜，但真的非常高兴。知道你平时战备训练非常辛苦，能抽出时间动笔也是难得，为父还是希望你顺利完成上级交给的各项任务，为中国的国防建设做出自己的贡献。

正如你所说，我今年生日收到的最珍贵的礼物是在 6 月 13 日被组织上确定为一名正式的中国共产党党员。这说明组织上肯定了我的追求、努力和付出。虽然我临近退休，但我仍然保持永远积极向上的精神面貌。

当然，工作上的认真，与我从事的岗位职责是有联系的。在电网建设分公司有多年的工作经历，我在项目部担任安全员，我们的工作来不得半点马虎。我们工地基本上是露天环境，有不少工作存在安全风险。虽然我们在施工人员进入工地现场之前，做了不少的预防工作，但作业现场仍然有违章现象。多一名监管人员，施工风险将大大降低，所以在烈日下晒一晒并不是件令人痛苦的工作。生命只有一次，没有下不为例，而我的工作正是在现场把好安全关，受点累并没有什么。正如工地宣传口号上说：同创安全工地，共建美好生活。我们与施工单位共同努力，才能保证工程安全顺利竣工投产。而每天下班后看到施工人员平安走出工地，为父的心情也相当舒畅。这跟晒黑了的皮肤简直不能相提并论，这一点常人都能理解。

我们这一代人是真正见证祖国越来越强大的一代人，我国从一个积贫积弱的国家逐步走进国际舞台中央，这都是在中国共产党的正确领导下取得的伟大成就。作为一名普通的中国人，我没有理由不在我的岗位上认真工作。你妈妈的抱怨我也能理解，我说得最多的是不问业绩如何，但求问心无愧。习总书记曾说过："空谈误国，实干兴邦"。我们要踏踏实实做好本职工作，才是对建设社会主义强国最好的贡献。

恰逢今年新中国成立七十周年，祝福祖国越来越美好，让我们父子俩共同努力，为实现中国梦贡献自己的力量。

老爸：宋俊文

安全是家庭幸福美满的保障

徐　念

亲爱的父亲：

您好！

最近由于工作需要，我已经一周没有回去看您了。但我知道您无时无刻不在牵挂着我，每次离开家的时候，您的那句“注意安全！”言犹在耳，让我感到无比温暖。

我自小在一个充满关爱的环境下长大，记得在我刚上小学时，你总是不厌其烦地叮咛我，过马路注意安全；在我外出游玩时，你仍然叮嘱我一个人在外照顾好自己，注意安全；当我工作后，由于经常需要高空作业，你时常嘱咐我要踏实工作，注意安全。我知道，儿子的安全问题您时刻牢记于心，儿子早日归家是您最大的期盼，在这里，我也向您郑重保证：我一定会加强自己的安全意识，请您老放心。

亲爱的父亲，不知不觉中，我已在电力行业度过了三个春夏秋冬。三年来，我也经历了许多风雨，我对电力岗位有了全面的认知，在平时的工作中，安全是我们工作中的一个重要组成部分。作为处在高空作业一线岗位的我们来说，的确更容易发生安全事故，正因如此，公司经常组织我们安全教育学习，从年初就定下安全考核目标，每次上岗之前，我们都严格地执行各项安全要求，在工作中始终保持安全第一的信念，以防安全事故的发生。

人们常说：安全是条绳，牵着千万人；安全是根线，连着亲人念。每当上班时，就会想起您的叮嘱以及安全学习时的触动，为了你们的惦念，为了公司的期待，也为了我的未来，我一定会在工作中时刻保持警惕，时刻绷紧“安全”这根弦。

亲爱的父亲，我深深地知道：在我成长的道路上渗透着您的心血，而我的将来，承载着您的希望。所以，平安，不仅是幸福，更是责任。对自己的生命负责，对他人的生命负责，更是对自己的家人负责。

安全是我们人类最重要、也是最基本的要求，安全是人们健康成长的条件，是一个家庭幸福美满的保障。亲爱的父亲，请您放心，我将一直谨记：注意安全，珍惜生命。

您的儿子：徐念

（徐念，国网咸宁供电公司）

回音壁

你的平安牵挂着我们的心

亲爱的儿子：

你好！

看到你的来信，我感到非常欣慰。今年是你工作的第三个年头，你自参加工作之后一直很用心，现在已经成为岗位骨干，我发自内心地为你感到骄傲。但是，每当你不在家的时候，我还是会感到一种担忧。

我还清楚地记得：三年前，当你第一天加入供电队伍的时候，就开始了忙碌的职业生涯。每天从早到晚奔忙在隐患排查和事故处置的一线，爬高下低，步履匆忙，我的心就时常为你而悬着，直到你平安回到家里，我才放下心来。我明白，你的工作很辛苦，但也是你的责任所在。你可曾知道，当我看到电视里报道的一次次事故，看到那些触目惊心的伤亡数字，看到那些因为安全事故而支离破碎的家庭时，我的内心被深深撕扯，随着年龄的增大，我的圈子也逐渐缩小，如今，我只祈愿你的平安，你要知道，你的安全和平安才是父亲最大的幸福。

每当我在新闻中看到一些自然灾害或者安全事故的报道时，我都会感到深深的难过，在安全事故和重大灾害面前，人的生命是脆弱和无助的。正是因为生命的脆弱和可贵才让我们对生命更加敬畏，也让我们更应该重视安全问题。因为，只有个人平安了，家庭才会拥有幸福，家庭幸福了社会才能稳定发展，国家才能长治久安。安全是幸福的前提，平安是最大的幸福，你的平安牵挂着我们的心。

亲爱的儿子，作为一名一线岗位上的电力工作者，你一定要时刻注意安全呀！不管什么时候，请你一定要牢记“安全第一，预防为主”的方针，俗话说得好，“安全是根绳，牵着千万人；安全是根线，连着亲人念”，为了你的安全，也为了家庭的幸福，我一定要再次叮嘱你注意安全。

安全生产是企业的头等大事，安全生产更是每一名员工不可懈怠的工作，如果忽视它，那它就是一块暗礁，在我们不经意的时候带来危险的冲撞，如果重视它，那它就是一片港湾，为我们工作和生产保驾护航。安全生产重于泰山，太多的血泪事故告诉我们，我们不需要“悔不当初”的无奈和辛酸，更不需要“亡羊补牢”的敷衍和蒙混，我们只需要踏踏实实、规规矩矩地守好安全的原则，身体力行去践行安全的承诺。

亲爱的儿子，如今，你在岗位上已经得心应手，不仅要率先做好自身的安全示范，同时也要提醒身边的同事提高安全意识，务必遵守相关安全规定，严格按照安全操作规范作业。在工作之余，也要认真学习安全规章制度。要知道，安全是你工作中最大的追求，你的平安归家是亲人最大的期盼！

爱你的父亲

每次发放工具时都会再三检查

黄伟伦

亲爱的父亲：

您好！

近来身体还好吗？我在单位一切平安。

近来我接手了所里的安全工器具管理工作，我在真正接触到安全管理工作后，才方知安全生产的重要性。由于您工作性质的原因，小时候我每次看到您受伤，我的心总是像被人揪住一样难受。记得有一次您电焊时灼伤了眼睛，母亲用带着针头的注射器对着您的眼睛小心翼翼帮您滴药时，我在一边胆战心惊，生怕稍有差池锋利的针头会刺进您的眼睛。我在一边静静地看着，不敢出声甚至不敢大口呼吸，我怕会影响到母亲，害怕她手一抖后面的场景我都不敢想象。从小体弱多病的我深知生命的脆弱和渺小，任何大意也许就会让一条生命稍纵即逝。每次给施工人员发放安全工器具或施工器具时，我都会习惯性地再三检查，我不敢去想作业人员在施工时因为安全工器具问题而发生意外的样子。每次拿起安全工器具时这些画面却总是浮现在潜意识的最深处，所以我每次发放工具时都会检查再三。我不想因为安全隐患而伤害甚至是失去一位同事、一位朋友、甚至是一位亲人，安全永远都是第一位。

您虽然工作经验比我丰富得多，但是我还是要嘱咐您一句，无论是工作还是生活，无论在家还是在外，时时刻刻要注意安全。做儿子的我只祈求您和家人平平安安，我们一家人健康、快乐就是我觉得最幸福最满足的事。

天冷了，儿子平时工作忙，不能常在您身边，您和母亲记得多添衣加被，晚上记得戴我给您买的羊毛护膝，不然半夜您膝盖的风湿又会犯，我有空一定会常回来看你们。

哦，对了，记得替我向奶奶问好，告诉奶奶不用担心我，我在这边一切都好！

儿子：黄伟伦

（黄伟伦，国网恩施供电公司）

回音壁

安全工作一刻不能马虎

儿子：

来信已收到，倍感欣慰！家里一切都好，你还算有点良心没忘了我们，还知道给我们嘘寒问暖，你母亲和我时常挂念你，今天看到你的来信我们都很高兴。

从信中得知，你最近接手了所里的安全工器具管理工作。玩笑归玩笑，安全工作一刻也不能马虎，你从小在我们单位长大，相信你也知道安全对于我们这个行业意味着什么。所以我希望你要对自己的工作格外用心，安全工器具的摆放、检验周期、合格条件等你都要牢记于心。遇到不懂的多虚心向所里的师傅请教（也欢迎常来咨询我），有时间多到现场学习，只有亲眼见过、经历过你才知道如何把控安全点。

儿子，知道你平时工作忙，爸妈也没好意思打扰你，其实我和你妈平时真的挺想你的，每次接到你电话或者看到你发的朋友圈我俩都能看很久。我和你妈平时在家都挺好，护膝我天天带着呢，我们现在经常出去旅游，趁还能走得动多出门转转，烟酒我也在慢慢控制，希望我那些不好的生活习惯能给你当好反面典型，你不抽烟不喝酒我觉得很欣慰，在外面照顾好自己，想家了就回来看看。奶奶说等你回来给你包你最爱的饺子吃，看到你在外面工作健康快乐，我们全家就感到幸福安康。你要安心工作，家里一切都好，勿念。

爱你的爸妈

二老在家注意安全用电

魏运强

亲爱的爸爸妈妈：

秋高气爽，丹桂飘扬，九月的清风，像一个神奇的丹青妙手，将北佳泼墨出一帧多彩的图画。北佳的秋天是宁静的、迷人的，温暖的秋风伴随着我对你们的思念，借此书信向你们报平安，也愿带回远在鹤峰北佳的儿子的一丝问候。

不知不觉在电力行业已度过两个月，让我对电力有了更深的了解。它是特殊的行业，给千家万户带来光明与温暖，同时它也是一个高危行业，在平时工作中，安全总是工作中的一个重要组成部分。刚入职，我们就进行了安全知识培训，熟悉安规并定期考核。安规是我们日常工作中重要的一部分，我需要牢牢掌握。刚来北佳供电所时，所里的师傅去下面进行抢修维护时我总会跟着，每次进入施工现场时都会进行安全教育学习，定下考核目标，即不发生人身伤亡事故、不发生车辆安全事故、不发生重大设备丢失损坏事故，牢固树立“以人为本、安全第一”的理念，以防安全事故的发生。

人们常说，安全是条绳，牵动千万人；安全是根线，连着亲人念。每次上班时，我都会牢记你们的叮嘱。在所里我也负责安全工器具的摆放与维护，让我对安全工器具有了更深的了解，通过对安全帽、安全绳、绝缘手套等安全工器具的了解，让我对安全有了更深刻的认识。在以后的工作中我将牢记安全规章制度，将安全刻在自己心中。

家人能安全健康地生活是远在他乡的儿子最大的心愿。在这里，单位的领导和同事们给予了我无微不至的关心和照顾，我和同事们相处得十分融洽。请你们放心，我将会在此快乐安全地工作生活，不辜负你们对我的期望。你们在家里也要时刻注意安全，特别是在用电和使用电器的时候，不要随意拆卸带电电器，不要用湿手去触碰开关，出门和家里没人时也要注意检查，保证安全。平安不仅是幸福，更是责任。爸爸开车要注意安全，不能疲劳驾驶，绝对不能酒驾；爷爷奶奶散步的时候也要注意安全。让我们共同努力，紧紧拉着安全的手，使家庭成为安全的一道防线，你们平安幸福是我工作的最大源泉。

生命有时坚如钢铁，历经沧桑磨难而依然傲立，有时它却禁不起风吹雨打，显得无比脆弱。安全不是一句口号，是责任，是经验，是荣誉，安全才能回家，安全才能阖家幸福!

一纸书信，寄托着我对你们的万分思念，最后祝愿你们身体健康，平安快乐!

儿子：魏运强

（魏运强，国网恩施供电公司）

回音壁

多学多做　不断进步

吾儿运强:

收到你的来信得知你在北佳供电所的工作及生活情况后，我们深感高兴。你在那里有那么好的领导和同事，他们在生活上对你无微不至的关怀，我们感到十分放心。

在此我们只有叮嘱你，在北佳供电所一定要踏踏实实地工作，认真服从领导的

安排管理，培养自己吃苦耐劳的精神，真正做到干一行爱一行，把北佳供电所当成自己的家。在那里你要虚心向老师傅们学习，把你在学校所学知识运用到实际工作中去，不懂的多问并及时记录下来，多学多做，日积月累，总会成为你自己的东西。你在工作中一定要兢兢业业，一丝不苟，时刻注意安全，做到警钟长鸣。工作中不要违规操作，牢记安全规章制度，把安全放在第一位。你在那里安心工作，安心生活，安全回家，我们每天都在牵挂着你，愿你不断进步，努力成才。

我们在家也会注意安全，在使用家用电器时会时刻小心，牢记安全使用说明。像你所说的那样，安全并不是一句口号，它是责任，是态度，是经验，是荣誉，是无价之宝！我们每个人都要注意安全，我们会牢记你的叮嘱，注意行车安全，也会时刻提醒爷爷奶奶在外注意安全，你在那里放心，我们会平平安安地等你回家！

最后祝你工作顺利，生活开心，身体健康！并代我们向你的领导、同事们表示衷心的感谢！

爱你的爸爸妈妈

好的习惯是保证安全的护身符

孟应平

亲爱的父亲：

您好！这个国庆节，保电任务重，就不能回家与您共度了。儿子们长大了，就像离家的燕子，另筑新巢，这是自然的规律。无论我们多大，在您心中都是孩子。每逢佳节，心中自有一种惆怅，想必此刻您心中也是这样的心情。

三十多年前，在校读书之时，我会每月给您写信。参加工作后，就慢慢不写信了，家书渐断，一半是我经济独立了，一半是通信发达了。此次来信，主要是想跟您谈谈工作近况和一些压力，希望能得到您的教诲。

您为我能在国家电网这样一流企业工作而骄傲，也在为我的工作安全而担心。您常常问我，那些在高压线上走线的电力人他们安全吗？没停电他们也能在高压线上工作？是的，只要严格按照安全工作规程规定，上塔采用双保护绳，带电作业严格遵照作业指导书流程作业，工作就是安全的。

我从事的电力通信工作一般很少接触高电压设备，即使在高压环境下工作，也是将设备外壳接地，消除了感应电压和残余电荷，总体来说人身是安全的。电力通信的不安全是另外一种情况。如果将电力系统比成一个人，变电站就是人的五脏，输电线路和铁塔就是人的四肢和躯体，人体里流淌的血液好比电能，电力通信网就是人体里的神经系统。我们处理故障不到位，或接错线，就像外科医生将人体的神经网不小心割断了。神经系统出了问题，人体就会出现局部瘫痪或功能丧失，伤害无法挽回，电网也是一样的。

前两天，500 千伏兴隆站到咸宁站一台设备通道出现异常，国家电网公司从北京特快专递两块光板到武汉，我们连夜派人上站处理，故障从发现到消除前后不到 24 小时。公司全体职工就是这样为了电网稳定，为了万家灯火，日夜在途、挑灯夜战，他们没有节假日，没有工休，始终坚守一线。这个国庆，我也将与同事们在一起，随时准备为可能出现的设备故障和电网异常进行紧急处理。

爸爸，中国七十年的发展超出了我们任何人的想象。中国高速铁路、特高压电网、通信技术在世界上领先一步。在特高压电网企业从事通信技术工作，我所在的行业和专业在世界上都处于一流水平，我为我的企业我的工作自豪。中国正在走向全面电气化的时代，电能作为清洁能源，作为消费升级产品，正在取代传统能源。电网企业和职工工作的压力也由此倍增。

您时常告诫我，生命对于人生只有一次，无比珍贵。健康是人生中最宝贵的财富，比健康更让人敬畏的是安全，没有了安全，工作、家庭、健康、财富随之归零。您时常叮嘱我，饮酒不要开车。我也这样叮嘱我们的司机，不要疲劳驾驶，更不能酒后驾驶，宁可慢三分不可抢一秒。好的习惯是保证安全的护身符，违章是事故发生的种子。

告诉您一个好消息：今年，湖北省电力公司进行了一次全员安规统考，共 4 万多人参考，这是湖北电网历史上的第一次。我们信通中心取得了平均 99.72 分、100 分人数达 75%、在检修公司排名第一的好成绩。我们常把人身、电网、设备、信息四大安全作为生产工作必须守住的四大防线。这次考试以后，我们全员安全意识都得到了极大的提高，自觉遵守安全工作规程，按规矩干事的劲头更足了。

如果说安全生产、履职尽责是安全的底线，那八项规定、党风廉政建设就是红线，是高压线，一点也不能碰的。

这些就是我平常跟您说的压力——安全管理更严、运维精度更高、技术发展更新。我只有不断学习，自我更新，才能跟上新时代的步伐，才能化解各种风险和挑战。学习成为摆在我面前最紧迫的任务，这就是我跟您说的忙的原因。

母亲的膝关节怎样了？她可不能像您一样每天走那么多步数。上下楼梯次数尽量少些，另外，还得注意膝盖保暖。

好了，爸爸，今天就聊到这，余言再叙。

祝您和母亲身体健康！

子应平奉上

（孟应平，国网湖北检修公司）

回音壁

磨刀不误砍柴工

应平：

近好！来信收悉。以前电话里都是家长里短，嘘寒问暖，看了来信才知道你们的工作确实不容易。听金菊说你每天五点多就起床学习，有时晚上十一点还在安排处理工作，外人只看到国家电网公司的金招牌，却不知你们的艰辛和付出。

你二弟在广州打零工，说是一天多少钱，有一天没一天的，这么多年下来也没有多少结余，老三在汉正街讨生活，生意也不景气，老四老五在医药公司做销售强一些。家里还是你和金菊稳定一点，可靠一点。我们楼下的一个快递小哥，一个人带着一家子起早贪黑，也只能糊个口。国家发展了，社会进步了，不努力就跟不上趟。

上个月回老家，听说有个在广州做建筑的年轻人，从楼顶掉下来了，摔得半身不遂，捡回一条命。人家都还没开工，他一个人就提前上去，又没围栏又没系保险绳，真是胆大。建筑工地停工，害得老板也被关起来了，后期治疗费用还没着落，可怜呢。

俗话说，磨刀不误砍柴工，世上哪有那么急的事，人一急就做错事。

你们公司安全考试，立下这规定那规矩，对你们是个保护，是好事，小的公司哪有那条件，你们要感谢才对。

你读书时就不会玩，总爱坐着，工作压力大，这样对身体不好，要劳逸结合，注意休息。你母亲的膝盖老毛病了，天气暖和就没太大问题。

家中一切都好，勿念。就此搁笔，代向金菊问好！

父

安全是父女的共同追求

潘虹羽

亲爱的父亲：

您好，见字如晤！

印象中我好似极少给您写信，一是您从小管教我较为严苛，使得我们之间没多少共同话题；二是我俩性子都颇为直白洒脱，总觉得写信这种事儿未免有些矫情。一转眼我现在已经和您成为某种意义上的“同事”了，回想起这二十多年的温馨和争吵，罢了罢了，偶尔矫情矫情也无甚影响的吧。

回想起儿时的夏天，有儿童，有瓜果，有蝉鸣，有雷雨，俨然一幅盛夏傍晚的图景。我们家住在阳逻街上，还不算严格意义上的乡村。然而在那时，一到这种酷暑时节，或者碰上雷雨天气，停电还是很常见的事情。当时我不知道您的具体工作细节，只知道与电有关，每每碰上停电，我都是在家里点上蜡烛等您工作完回家，有时是白天，有时是夜晚，有时是烈日炎炎骄阳似火，有时是狂风暴雨打雷闪电。我看到了您回家时满头的水珠和湿透的衣裳，或是汗水，或是雨水。只是那时的我并不了解您辛苦工作背后的危险艰辛。记得 2008 年雪灾，您和同事一起远赴四川参加抗险救灾，妈妈就经常在耳边念叨：你爸爸在那边不知道怎么样了，虽说这是为百姓做些事，可也是很危险的，让人没法不担心，希望他可以尽早平安回来呀！我那会儿尚年幼，不知其中的辛酸苦辣，如今回想起来，却是明白了那时您所面临的危险和不易，心里也满是庆幸、感激以及骄傲之情。

时光荏苒，就在今年八月，我也正式成为和您一样的电力工作者。刚开始进入公司，领导给我们强调的第一点就是“安全”，上的第一堂课也是安规课。真正进入电力行业才知道我们这个行业是高危行业，时刻都在和高电压、高空作业、重型设备打交道，现场工作的时候一不注意，我们的人身安全就会受到严重威胁。

那什么是安全？无危则安，无损则全。安全是公路上小心开车，是走路时小心磕绊，是现场作业的“十不干”。安全无小事，安全可能是工作中的一个小环节，也可能是设备上的一个小螺丝钉。在安规的学习课程中，我也了解到了许多安全事故的典型案例，令人心痛唏嘘不已，而这些事故的发生大多有一个共同点，就是抱有偷懒、侥幸心理，不按照规定的流程来工作，从而导致惨剧发生。由此可见，树立牢固的安全生产意识是多么重要，要时刻坚持“安全第一，预防为主”的思想，只有足够重视安全问题，加强对安全规程和各项规章制度的学习，作业时谨慎小心，严格按照施工规定来执行展开，才能防止事故的发生，真正做到企业的安全生产，避免“亲人两行泪”的情景发生。

四年前我开始学车之时，您反反复复跟我强调：学车不是好玩的，一定要学好，没学好我是不会准你开车的，不然真正上路有点什么事儿那就迟了，安全才是最重要的，什么都换不来！我学好了车，也时刻把您的叮嘱谨记于心。但是我亦希望您也可以多加注意您的安全，毕竟您现在负责安全这一块儿的工作，无论是人身安全还是行为安全，只有您安全了，我们温馨的小家才可以一直存在下去，我和妈妈才有依靠，才能安心地生活和工作，才能有更加幸福美满的明天！不求什么荣华富贵，只要我们阖家平安，就是老天对我们最大的恩赐！

天气渐凉，注意添衣裳。愿您身体健康，一切安好！

您的女儿：潘虹羽

（潘虹羽，国网武汉供电公司）

回音壁

宝贝，你一定要注意安全

亲爱的女儿：

你好，见字如面！

首先恭喜你通过努力成为一名电力工作者，很高兴我们能成为“同事”。时间过得真快，一年一年毫无知觉，转眼二十年已经过去了啊，你也已长大成人，步入社会。可能你一直在抱怨父亲的严厉，但你现在可以慢慢去体会作为父亲，作为一个女生的父亲的心情和爱。

作为一个电力工作者的前辈，我必须得给你一些告诫。你已经成为一名电力工作者，那么就肩负着电力工作者必有的责任，你不再是父亲身边的女儿，可以撒娇耍横，不再是妈妈的宝贝儿，可以胡搅蛮缠。你应该理解为什么在雷雨天停电的夜晚，我还在外面抢修，你应该理解为什么家里有电，我却还要顶着炎炎夏日在外维护，因为这些都是电力工作者的职责。所以，我要提醒你，万不可有怕苦怕累的心理，万不可心存侥幸觉得没事不用检查。我们是大家的电力工作者，我们苦一点累一点，千万家就舒服一点甜一点。认真严谨的工作，不怕苦不怕累的工作是我们必备的职业素养。

女儿，你一定要注意安全。就如你在来信中提到的，你在培训的时候已经知晓了我们的工作是个高危工作，我们随时都可能面临生命危险，随便一个工作失误，一个小的细节的不注意，都可能造成不可逆转的惨痛后果。我希望你牢记，多在脑海中回顾安全操作细节，在实际练习中反复操练，因为真正的抢修工作是没有时间给你去细细回顾每一个步骤的，只有熟能生巧，才能保证工作的安全和严谨。我看到你的来信中对我的担心，第一个希望你能去理解，作为一个女儿的理解，作为一个晚辈的理解，我必须得去，因为有千千万万的人没有电，没有光。但是我也会注意安全，我会给你做好表率，作为一个父亲的表率，我也会为了咱们的小家，规范操作，安全到家的。作为父亲，总是矛盾的，我希望你能够有所成就，所以严苛待你，又希望你平安幸福。选择成为一名电力工作者，就得承担起这份责任，所以我希望你熟练掌握工作技能，吃苦耐劳地走在前面，注意好自身安全，还要注意同伴的安全。

提到同伴的安全，希望你能认真学习应急技能，同伴必须要互相帮助，不退缩不放弃，才能更好地完成任务，一起安全到家。最后希望有一天，我们也能一起并肩作战，成为同伴，到时候也能在现场检测一下你的业务能力。

天气转寒了，你的身体很弱，多注意保暖，不要受寒。祝你工作顺利，事业进步！

你的父亲

牵挂系在女儿心

肖 伊

亲爱的爸妈：

展信安。

离家两月有余，虽然只在几十公里外的换流站上班，不比上学时的路途遥远，但我仍知儿行千里母担忧，常常工作繁忙起来电话里零碎的只言片语道不尽心中的所感所想，因此写下这封信，与你们分享。

刚入职来到宜昌换流站的时候，这里还是尘土飞扬、热火朝天的建筑工地，每次结束一天的工作后，都裹挟了一身泥土回家。你们没有像小时候一样责备我是“泥猴子”，而总是不厌其烦地叮嘱我在工地上时刻看着脚下，走路不要用手机；戴好安全帽、穿好工作服，再热再累也不能脱掉；听从老师傅的指挥，年轻人不要逞强、冒险蛮干。如今这些话语与我们学习掌握的《安规》相互印证，是宝贵的经验更是血与泪的教训，将会成为我安全生产工作的“定海神针”。

现在站里的建设已经竣工，正处于紧张的调试期。为保证站里安全、顺利地度过这一阶段，公司安排所有运行人员“两班倒、二十四小时值守”，我很荣幸能够参与这项重要的工作。记得最开始你们总问我 500 千伏的电压等级到底有多高，我还笑着回答“就是家用电压的2000多倍”，殊不知如此高风险的工作环境引起了你们心中极大的不安。直到后来从你们电话里传来的担忧的语气、电脑上未关闭的搜索页面、微信分享的各种事故新闻报道等，我才后知后觉地体会到你们身为父母的心情。其实不必太过担心，虽然换流站电压等级高，但我们的安全意识更是强之又强。为保证安全生产，所有的操作都必须在监护复诵的制度下进行；为加强电力生产现场管理，规范我们的行为，保证人身、电网和设备安全，制定的《安规》要求我们熟读、熟记以应付可能出现的情形；站里也组织了各种安全事故学习、反思会，值里开展班前班后会，强调安全纪律和重要性。我深知于自身、于家庭、于企业，从事这份工作，安全都是第一位，没有这个“1”，后面增添再多的“0”也是无效的。

工作中的安全应牢记在心，生活中的安全也要重视。记得小的时候你们牵着我的手过马路，总是叮嘱我一定要遵守交通规则，走斑马线、不闯红灯，教会了我很多安全常识，学会了自我保护。《目送》这本书里说：有些路啊，只能一个人走，父母站立在小路的这一端，看着我们逐渐消失在小路转弯的地方。如今我工作了，你们也逐渐力不从心，但我会为自己负责，为家庭负责，因为我成长的路上凝聚着你们的心血、有你们的牵挂。我会回头看看，现在你们的平安健康也是我的祝愿和期盼。

家人的平安幸福总是伴我在漫漫长路有所依。

爱你们的女儿

（肖伊，湖北直流运检公司）

回音壁

张开梦想的翅膀飞翔

宝贝女儿：

读着你的信，感受着你的成长与进步，我们倍感欣慰。你不仅对自己的工作有了充分的认识和理解，还把对于这份“特殊”工作的核心——“安全”牢记在心。父母明白你这也是要消除我们的顾虑和担忧。

去年七月，你大学毕业顺利步入工作岗位，全家人都为你高兴。参加工作，离开了单纯的校园，面对的是复杂的社会，我们对你的要求也就提高了。因此，在以后的日子里，你要特别注意自己的一言一行，要好好把握自己。

以下是我们对你的一点期许和建议，与你共勉。

一是建立起承担责任的意识。每一个人随着年龄的增加，与社会、家庭以及自己人生相联系的责任显得更加突出。人在生活和做事的过程中，难免会遇到许许多多的麻烦事情，甚至是很劳心的事情，是会让你“苦其心志，劳其筋骨”，但无论怎样都应该积极地去面对，迎难而上。

二是严于律己，宽以待人。要学会尊重，学会忍让，学会控制。俗话说，忍一时风平浪静，退一步海阔天空。年轻人容易冲动，容易愤怒，许多人犯错误，并非他们不知道是非，而是因为他们冲动起来，“怒”令智昏，等冷静下来，懊悔不迭，但为时已晚。因此要尊重每一个人，与人相处，要宽容。

三是虚心求教，学会合作。周围的人，都有自己的一技之长，一个虚心求教的人，必然成长得更快，必然得到众人的喜欢。在现代社会，光靠一个人，是很难成功的。

最后要树立终身学习的观念，活到老学到老。当今世界，信息瞬息万变，竞争日趋激烈。现在你走出了校门，参加工作了，学习不能停止，在做好本职工作的同时，要多读书，多钻研业务，不断开阔自己的视野，提高自己的修养，增长自己的本领。

宝贝女儿，你一直是我们的骄傲。我们相信你、支持你，作为新时代的青年，你会是一名积极的追梦者。

美国心理学家大卫·埃尔凯特说：无论一个人的生活环境如何，做父母的需要给孩子两样东西：根和翅膀。我们选择放手，你才能够成长，独立飞翔。

永远爱你的爸妈

生命是一个奇迹

付仪雯

亲爱的老爸：

国庆节快到了，提前祝老爸节日快乐！我知道越是节假日你们越忙，请老爸注意身体。

近段时间在抖音上总看到你们电力工人施工的情景，看到你们在高高的铁塔上吃饭、睡觉时，我感到莫名的心酸，体会到你们的辛苦。看到下面的评论时又感到自豪，但更多的是担心，害怕你们一不小心掉下来。我知道您也是从事电网建设的，请老爸在工作中多多注意安全。

作为您的女儿，我知道关于安全方面的知识您肯定比我了解的更全面更深刻，今天我想对老爸谈谈我对安全的理解。我认为安全是生命与健康的基本保障，安全需要我们时刻谨记，只有将安全牢牢地刻在脑海中，才能避免工作生活中各种危险的发生。

说到安全，就不可避免地谈到生命，世上有太多歌颂生命宝贵的诗词歌赋，这里我就不一一引用那些优美的诗词了，只谈谈我对生命的理解。虽然我还没有踏入社会，可我已经从生活学习中强烈地感受到了生命的不易。这个“不易”有三层含义，首先生命的到来是不易的，说创造生命是一项奇迹也不为过，奇迹总会让人感动振奋，生命亦如此；其次生命的存在是不易的，我们每个人都要活出生命的意义；最后，如果把生命当成一个独立的个体，那么能从始至终都珍惜它是不易的，生命的意义就体现在我们不仅能一边努力地活着，还能一边创造享受生命的美好。我知道您一路走来，心中五味杂陈，但请不要忽视您生命的五彩斑斓，独一无二的人生轨迹，独一无二的作品，您是它唯一的作者，请老爸在工作中时刻注意安全也提醒其他人注意安全。

老爸，在我心目中，您就是支撑整个家庭的栋梁，有了您的存在和健康，才能为我们遮风挡雨，我们才能享受明媚的阳光。您的平安，就是我的幸福，更是全家的幸福，所以身体健康也很重要。要坚持每天吃老妈准备的爱心早餐，骑车上下班要注意来往车辆，如果天气不好，就坐公交车上下班。外出施工时记得戴好安全帽，多留心周围的安全隐患，下班后多陪陪老妈，跟老妈一起遛遛狗，记住要少抽烟少喝酒，多锻炼身体，保持心情愉悦。

最后，祝老爸快乐每一秒，平安每一分，健康每一天。

此致

敬礼！

您的女儿：付仪雯

（付仪雯，国网武汉供电公司付国桥女儿）

回音壁

笑着迎接生活

亲爱的雯雯：

国庆节快乐！

来信已收到，知道你担心爸爸的安全，爸爸很是欣慰也很感动。信中提到的工作人员他们都是系着安全带的，所以不要担心掉下来。我们在登高作业时也是系着安全带的，安全带就是我们的“保护神”。从事电力行业的人都知道“安全第一、预防为主、综合治理”这句话，在工作中我们时刻把安全放在首位，所以也不要担心爸爸的安全。

通过来信，爸爸了解了你对安全与生命的理解，爸爸很高兴能分享你的所思所想。你现在大二了，通过你的努力再过几年，有可能成为我们中的一员。对安全重要性的理解相当重要，在现实生活中，无数的事实告诉我们，凡是无视安全的行为都将付出惨痛的代价，对待安全来不得半点马虎，安全意识的淡薄是发生事故的罪魁祸首。

还记得小时候，你跟爸爸一起做的“安全用电”手抄报吗？爸爸跟你讲解如何安全用电，不要用湿手去插插座等。当你有了第一部手机时，爸爸叮嘱你不要边走路边玩手机，这都是为了安全。

我和妈妈希望你能一直平平安安、快快乐乐地去生活，为了安全我们共勉，也希望你在生活学习中时刻注意以下几点。

第一，心理安全，要快乐地过好每一天。爸爸知道你从小学开始就一直或多或少地承受着学业竞争的压力，随之而来的是人际交往压力，我和妈妈不能代替你去处理这些问题，这是每一个人成长的必修课，要学会与同学相处，同学之间要相互关心，相互帮助。我们可以做你的避风港，提供参考意见，为你解答疑惑，但请记住即便遭遇挫折，也要学会笑着去面对。

第二，身体安全健康。现在你学业比较忙，要记得一日三餐按时吃饭，平时多吃水果，走路不要玩手机。在寝室不要用大功率电器，防止线路老化短路起火，时刻要注意用电安全。

第三，学业安全。大学生活是你一生中最好的时光，不要轻易去挥霍，要专心读书，勤于思考，做一个有责任有担当的人。

孩子，你的人生路还很长，在你的生命“大巴”中还有许多乘客等待上车。你要记住，无论这辆“大巴”行驶在哪里，爸爸妈妈都会一直陪在你身边，你要笑着迎接每一位上车的乘客，也要笑着送别每一位下车的乘客，每一段邂逅，都将成就下一刻的你。

祝学业有成！开心过好每一天！

你的老爸：付国桥

你的安全是全家人的牵挂

罗梓萌

亲爱的老爸：

刚才在微信里看到你穿戴整齐地踏上了去生产基地上班的“通勤车”。我深知，人生在世，都肩负着一定的责任。可每当看到电视、报纸上有关事故的报道时，我心中的担忧就会油然而生。

老爸，电力外线工是高危职业，工作环境有许多不安全因素，从小到大，我参与过你们单位的几次“亲情助安”活动。前些年，您从外线工岗位调到现在的安全管理岗位工作，但您的工作环境危险度还是很高的，危险系数远远高于普通职业。俗话说“安全是根绳，牵着千万人；安全是根线，连着亲人念”，为了我们家庭的幸福，老爸，你一定要注意安全。

“既然我成为一名安全管理人员，也就做好了流汗流泪的准备，就要能够承受艰辛与委屈”，这是你去年处理一起违章事故时说过的话。我懂您说这些话的含义。而您不知，对于外线工的女儿来说，你们的安全同样也连着我们每个家属的心。“高高兴兴上班，平平安安回家”这幅标语看起来很平淡，却形象地道出我们的心声，也同样指出了安全工作的关键。我真诚地希望您在工作中紧绷安全这根弦，时时讲安全，处处讲安全。

我深知您的个性，干任何工作都很有责任心、细心、敬业。老爸，要知道您可是我们家的“顶梁柱”啊！希望您在日常工作中一定要注意安全，千万不能麻痹大意，特别是在安全检查工作中，要有安全防范意识，都说平安是福。

您平平安安，是我和老妈共同的祈求。您一定要按照国家的安全法律法规和你们单位制定的相关制度等安全措施来要求自己、约束自己，在保障安全生产的同时，也要切实保护好自身安全。

老爸，您到检修分公司安全管理办公室工作已有四年，四年里的每一个工作日，您的安全都是我和全家人的牵挂。

盯着“我爱我家”微信群里您充满自信的“自拍照”，我总是默默地祈祷，高高兴兴去上班，平平安安回家来！

您的女儿

（罗梓萌，国网襄阳供电公司罗敬林女儿）

回音壁

安全与健康是一切的保障

亲爱的女儿：

来信收悉，看着信上跃动着无限亲情关爱的文字，心里非常感激，感谢苍天赐予这么暖心的“小棉袄”！

老爸想说的话很多，主要有两点：

一是希望你的安全与健康有保障。安全第一，更是“唯一”。有资料显示，在人的责任事故中，90%以上的是心存侥幸心理，安全措施未做而造成的，安全涉及生活中的各个角落，你一个人在外念书，老爸操心你学业的同时，更担心你的安全问题。安全与健康的来源是社会、是学校，更是自己。要注意交通安全，乘坐小轿车、微型客车时，应系好安全带，不能乘坐无牌照及报废车辆。尽量避免乘坐卡车、拖拉机，必须乘坐时，千万不要站立在后车厢里或坐在车厢板上。

不要在机动车道上招呼出租汽车。要注意游泳安全，老爸知道你喜欢游泳，这是一项十分有益的活动，同时也存在着危险。要慎重选择游泳场所。去野外游泳，必须先了解水情，水中有暗流、漩涡、淤泥、乱石和水草较多的水域不宜作为游泳场所。来往船只较多、受到污染的水域也不要去游泳。要注意卫生安全，日常生活中要注意饮食卫生，否则就会传染疾病，危害健康，“病从口入”这句话讲的就是这个道理。不喝生水，凉开水是最好的饮料……

二是应珍惜来之不易的大学时光，切实做到惜时如金。俗话说“书到用时方恨少”，在学习上来不得半点马虎和放纵。老爸虽近天命之年，仍然坚持孜孜不倦地学习，报考“高级技师”，希望能以此激励你更加奋发有为。在大学攻读学业的道路上，并非始终铺满鲜花和充满掌声，要做好迎战困难的准备……他山之石，可以攻玉，一定要多借鉴和学习别人的长处，进一步完善和充实自己，使自己的羽翼更加丰满。

老爸一直觉得你还是那个蹦蹦跳跳的小丫头，结果这一眨眼的工夫，你就成了大姑娘。亲眼见证了你这一路的成长，爸爸从过来人的角度，有很多话想对你说，想告诉你一些生活和人生的真谛，千言万语一句话：安全与健康是一切成功的前提与保障！

爱你的老爸

长大后我就成了你

黄　玉

亲爱的妈妈：

夜深人静，月朗星稀。此时，人们都已经沉浸在香甜的睡梦中，而您还坚守在调度台为刚刚发生的一次事故跳闸拟着倒闸操作票，我独自坐在台灯下，为爱岗敬业的您写下这一封家书。

从小生长在电力世家，对这份高危而神圣的职业耳濡目染，终于通过自己多年的努力不负你们的期望，我也成为一名电力职工。电力企业是不畏艰苦、团结协作、无私奉献、敢于创新的企业，这是我参加工作以来最深的感受，也是我最引以为豪的事情。我和您虽然在两个不同的公司，却都处在安全生产一线的岗位，这让我们对于“安全”两个字有了更深的理解和更重的责任。

电力安全生产，不仅是电力企业的根本所在，也是电力企业持续发展、市场竞争的基础。记得刚参加工作的第一件事就是学习《电力安全工作规程》，它是理论和实践的高度结合，是血和泪的教训的浓缩，是我们安全作业的主要依据。所以我认真学习，把每一个条款都熟记于心，并在每一次安规考试中都取得优异的成绩。

在每一次安全日活动中，领导强调得最多的就是安全：确保人身安全，杜绝人身伤亡事故；确保电网安全，消灭电网瓦解和大面积停电事故；确保设备安全，保证设备正常运行。这三方面是安全生产的有机组成部分，互不可分，缺一不可。作为调度员的您，身处公司的核心部门，身上肩负着保安全的重任，对待工作，尽心竭力，不敢有丝毫懈怠，因为您清楚地知道，一个细微的错误都有可能导致一次重大的安全事故。

明年您也就正式退休了，三十年来，您对待工作任劳任怨，在临近退休之际，对我说得最多的一句话就是舍不得。我知道您舍不得这份职业，舍不得褪去这份职业带给您的责任感和使命感。这么多年来，您已经习惯了上夜班，即使上夜班压力大，不能好好休息，要时刻监控电网运行和处理突发的紧急事故，但是您从来没有一句怨言，兢兢业业地对待这份工作。

如今，我带着您的期望进入了电力这个行业，我也慢慢理解了您的良苦用心，您总是会给我很多建议，我知道您是想把最好的给我，也希望我能成为您心中最棒的女儿。妈妈，请您放心，我会认真工作，好好生活，以您为榜样，为电力工作贡献青春。

黄玉

（黄玉，国网黄冈供电公司）

回音壁

希望你在平凡的岗位上脚踏实地

亲爱的女儿：

读了你写给我的信深感欣慰，时光荏苒，转眼间你已经长大成人，不再是那个处处需要我们担心和保护的小孩子了。作为家长，我们希望你有一个健康快乐的生活，在平凡的工作中能感受满足和幸福。

四年前，你靠着自己的努力考进了电力这个行业，你为之所付出的辛苦我都看在眼里。这也是我最欣慰的事情，我并不期盼着你有很大的成就，只希望你能在平凡的岗位上脚踏实地。电力是一份特殊的行业，你要时刻铭记“安全生产这根弦不能松”，珍爱生命，杜绝安全责任事故的发生，平平安安地工作，就是企业和家庭最大的财富。

我已经在生产岗位上工作了几十年，安全对我们来说就是最重要的，它关系了每一位职工的切身利益，更关系到整个企业的形象、效益和生存发展。所有

的危险隐患时刻在我们周围，我们只有真正做到“安全第一，预防为主”，在思想上高度重视，时刻做到“安全在我心中”，并采取行之有效的措施，才能真正避免安全事故的发生，防患于未然。

在工作中，你一定要牢记《安规》和《调度规程》中的每一个细节，严格遵守安全规程，不能掉以轻心。许多大事故的起因往往就是因为对一个微小细节的忽略，所以你一定要以饱满的精神和认真的态度对待每一项工作任务。

你现在正处在人生中的黄金期，是你人生中最美好的一个阶段，所以我希望你在认真做好本职工作的同时，也要注意学习专业知识不断提升自己，把握住公司为你们提供的每一次学习培训和比赛的机会，力求做到一个更好的自己。

女儿，你一个人身处异地，虽然没有我们陪在身边，但是你可以把同事们当作家人，用真诚的心对待别人。我希望你永远做一个正直勇敢、善良快乐的人！

妈妈

小棉袄的心里话

梅思豪

亲爱的爸爸：

您好！说来惭愧，二十多年来，这应该是我第一次正式给您写信吧！记得在我小的时候，我们亲密无间，而当我慢慢长大，我们之间却总是尽量刻意回避对于“爱”的直接表达。记忆中你最后一次抱起我，应该是在我 10 岁那年生病发烧，您带着我去看医生的路上吧。其实那时我觉得我还能自己走路，但是您一摸我额头，烫得不行，不由分说就把我抱起来就走，弄得我还有些不好意思呢。谁知从那以后，十多年过去了，父女之间再难有表达“爱”的契机了。这次，刚好借着公司党委组织的安全家书活动，提笔写信给您。

您是一名基层一线的电力工作者。您的工作性质注定您应该更加重视安全。您是一个对工作极端负责的人。有时候在家里吃饭吃到一半，接到抢修任务，您就立马放下碗筷投奔到抢修工作中，风雨无阻。因此，您总是获得了用户的感谢，也“获得”了妈妈的抱怨。妈妈的抱怨是可以理解的，一方面，您没有好好吃饭，她担心您的身体健康；另一方面，您的工作是与电打交道，您的每一次出勤，她始终放不下的就是您的安全。

电，能给人们带来光明，带来温暖，而对于一线电力工作者来说，电带来的还有危险，是那一句句在耳畔响起的“安全第一”的嘱托，是那一条条应该熟记于心的安全章程，是那一次次身边人稍有疏忽就造成不可挽回的血的教训。我为您骄傲，更为您担忧。我长期在外求学，现在也是在外地工作，但是只要我在家，每当您上班出门前，我都会嘱咐您一句“注意安全”，你也会意——“还是女儿关心我”。爸爸，我说的“注意安全”，仅仅只有四个字，但是却包含很多很多的含义哦。

两年前我从大学毕业，选择了一条和您一样的道路——当一名电力工作者。我参加工作的第一课，就是学习《安规》。

在这两年时间里，我也逐渐对安全的极端重要性有了更深层次的认识，于是我每次回家都要跟您嘱咐安全的重要性、谈论最新的安全工作制度和工作要求。您作为老员工，经验丰富，专业技术水平高，但我希望您能始终保持对电的敬畏之心和对安全的注重之心，一刻都不能松懈。您也非常听女儿的话，工作中也都时时注意，要继续保持哦。上个月你们单位组织安规考试，听说您又一次“习惯性”拿了满分，真棒，国庆节回来奖励您哦！

爸爸，您一直都是我心目中的英雄，撑起我们全家的一片天。虽然还没年过半百，您现在头发都白了大半，皱纹也都爬上了您的脸，老花眼已达到两百多度，背也有些驼了，皮肤也由于常年日晒风吹，而显得黝黑沧桑，但是这些都不妨碍您在我心目中的伟岸形象。现在我已经长大成人，弟弟也很懂事、优秀，学习都不用我们操心，您也可以适当放慢脚步，别让自己太累了。工作中您要始终把安全放在第一位，严格遵守各项安全规章制度，无论大事小事，一刻都不能马虎。现在我只希望您平平安安，身体健康，一切顺利！

你的女儿：梅思豪

（梅思豪，国网黄冈供电公司）

回音壁

家永远是你的避风港

亲爱的女儿：

你的来信我已收到，谢谢女儿关心，也谢谢你一直以来的提醒。在电力行业工作这么多年了，有时候确实也会存在经验主义和侥幸心理，幸亏身边有一个小棉袄能够经常使我警醒。我会时刻注意，让你们放心。

看着你和弟弟慢慢长大，我和妈妈也慢慢变成“老人”咯。一晃二十多年过去了，你从上学，到上班，在家的时间越来越少了，你一个女孩子在外面，也要时刻注意安全，工作安全，交通安全，食品安全……你很独立，爸爸妈妈很放心，但是也心疼你。

妈妈这几天就已经在规划国庆节要给你烧哪些菜了，弟弟也说要等你国庆节回家一起看大阅兵，我们等你回来！在外面无论有什么事情，家永远是你的港湾！

祝你事业顺利，身体健康，一切安好。

老爸

您朴实的话里有无比的热爱

陈 琳

亲爱的爸爸：

经历了很多风雨和坎坷，你们给了我无限的支持与关爱，我真诚地对你们说声：“谢谢”。谢谢你们让我在一个安全、温馨的环境中长大。

小时候，每次在我做错事时，总逃不过你们严格地斥责。我学的东西扎实巩固，我本性的善良不娇气，都是你们给予的，我绝不做温室的花朵，也绝不堕落消极。

2003 年是我参加工作的第一年，被分到了家乡涂镇，也和您成为同事。在工作中我们是同事，私底下是父女。工作您对我要求严格，每次有大型操作总是叫我观摩学习，随身携带笔记本。上班的时候天天画接线图、看运行方式，没事的时候叫班长带我去设备区观摩学习，小型操作要我亲自操作。总是对我说不亲自动手永远也学不会操作。您从事外线带抄核收，两三个人划片管几个区域的居民用电，那个年代没有现在这么先进，还要人工抄表、收费、核算、管线损，一个人做几个人的事情，用现在的话来说就是全能型供电职工。但是您从来没有怨言、从来不抱怨工作中的苦和累，每天回来都是开开心心的、脸上洋溢着幸福的笑容。

从参加工作的第一天，您对我比师傅还严，天天要我在家看《安规》。总是对我说：“过些时侯要考试的，你要好好看书。”好像看书、学习、考试就是人生的关键，没有童年乐趣。我好像是一个只会学习的小孩，在旁边人的眼中我就是一个“书呆子”。在青春少女年代不会像其他的女孩子穿衣、化妆，打扮。一天到晚剪着一副男生样的“短头发”，看谁都是一副严肃样，不爱笑，敏感而脆弱，有时候又似乎活得大大咧咧、没心没肺。刚上班的那会儿，不知道是我的青春期比一般小孩要长还是其他原因，跟您一个所上班时好像经常跟您作对。有一次变电站更换开关，在一个大热天的中午，人本来就快要热得中暑了，我趁午休之际躲在家里吹空调、看电视，被您看到了，您拿一个扫帚把我从家里赶到变电站设备区里去了。当时我很不理解觉得你怎么总是管着我，都长大成人了还要管这么严。后来我才知道您希望我能像您一样，扎根农村、扎根变电站。

还有一次下大雪，大约是九几年吧，大雪下了尺把深，10 千伏徐桥线路跳闸，你没有多想就背起了工具包，穿好工作服和绝缘靴去查线，沿路查，沿路走了三四个钟头，到晚上回来时头发和衣服都挂满了雪花。我问您冷不冷，您说："在做事不觉得冷，关键是故障查出来了，可以为千家万户带来光明，今夜可以睡一个安心的觉啦！"一句朴实的话蕴藏着对工作无比的热爱和敬业，也是我日后所追求的职业道德，也是现在人所缺少的敬业精神。后来工作变动了，所处的变电站电压等级比以前高得多，这边的设备电压等级高，安全要求更高，每次回家您总在我耳边不停地叮咛，操作慢一点，事故往往一瞬间，平时工作中多问几个为什么，一个人不能做，凡事工作要有人监护、严格执行《安规》中的规章制度，在工作中我谨记您的教导："安全第一，预防为主。好好工作，不懂就虚心向师傅请教，工作中要不怕吃亏，多做、多问。"

爸爸，人生就好似一座山，不同的高度就有不同的风景，有着不同的精彩。我明白，思想也是如此，不同的年纪有着不同的想法；不同的高度，有着不一样的奇妙感受。总是向您索取，却不曾说谢谢您。可能这封信寄到家的时候，您还在外面，没关系，信等，我等，等您看到这封信，接收爱的讯号。

祝：身体健康！工作顺利！

您的女儿：陈琳

（陈琳，国网鄂州供电公司）

回音壁

坚信女儿是最棒的

亲爱的女儿：

你好！

你已经参加工作了，真正地长大成人了。以前，你面对的是老师和同学，你是受教育者，即使有什么不对的地方，老师可以原谅你，同学也可以原谅你。如今，你参加了工作，面对的是上司和同事，你不再是受教育者了，大家对你的要求也就提高了。因此，在以后的日子里，你要特别注意自己的一言一行，一举一动，要好好把握自己，改掉大大咧咧的习惯，做事多动脑筋，多站在别人的角度看问题，走好人生的每一步，不能再由着自己的性子做事了。以后，除了父母，不会再有人像老师那样苦口婆心教育你了，一切全靠自己。我对你是放心的，也坚信我女儿是最棒的，加油！结合我的人生经历和认识，我想谈谈我的一些想法和观点。

一是严于律己，宽以待人，要学会尊重，学会忍让，学会控制。俗话说，忍一时风平浪静，退一步海阔天空。要想搞好工作必须要控制好自己的情绪。不能带着情绪工作。就是要学会调节自己，把坏话当成好话听。由于我是军人出身，从小我对你要求比较严格一些，你不要怪我。工作上，一定要严格要求自己，任何一个麻痹大意都会造成事故隐患，任何一个思想开小差就有可能酿成大错；生活中对待同事要大度一些，不要纠结于一些小事，心中闷闷不乐，要尊重与自己意见不同的同事。

二是冷眼看待烦心事，做个“明白人”。人，只有童年时代无忧无虑。因为这个时期是人懂得最少，心理负担也是最小的时候。除此之外，只要懂得一些事理之后，就会明白一些做人的道理，也就在心理上建立起承担责任的意识。随着年龄的增加，这样的与社会、家庭以及自己人生相联系的责任显得更加突出。

所以人们背负这些责任要在这个世界上苦渡一辈子。记得你刚上班时比较烦躁，总是为了一些小事而烦心，不爱学习和看书，《安规》是踏进电力行业的门槛石，必须要了解透彻，才能踏进工作岗位。在工作中要做到不伤害自己、不伤害他人、不被他人伤害、保护他人不被伤害，工作中要做个“明白人”，做事之前要明确工作的目的、工作中要做好“安措”保护好自己。

三是把握好自己，认真走好以后的每一步。回想当初，你在学生时期成绩不是特别拔尖，爸爸总是鼓励你要考入前多少名有奖励，其实并不是要你考试拔尖。只是希望你成为一个有目标，对自己严格要求的人，对学习、对工作、对人生亦是如此，爸爸没有赶上好年代，没有读很多书，所以把厚望和要求寄予你们身上，还请你们谅解。引用一句名言“路漫漫其修远兮，吾将上下而求索”。认真学好自己的本专业，把握好人生的方向，要认真地走好人生的每一步。

祝：一切安好，健康平安！

爸爸：陈建凡

似银河落到人间

我们都是其中的一朵

站着是杆塔与杆塔之间的相望

躺下如银线与银线之间的紧密

你关注我　我支撑你

永远有攀登高峰的信心勇气

第五辑

THE FIFTH VOLUME

不变的承诺

哥哥永远祝你平安

程小强

妹妹：

一切可好？

你我兄妹两人，相隔两地，哥从内心来讲对你分外牵挂，希望你过得幸福、快乐。

下班的时候，车间的一个女工因着急回家，匆忙中被一辆迎面而来的汽车撞翻。听着那一声惨叫，看着一个如花似玉的生命瞬间没有了气息，想一想她家中嗷嗷待哺的孩子，怎不让人揪心地疼？那一刹那，我特别想你，想我们儿时的快乐，让我不吐不快。

妹，我的钱包里面放着我们小时候的全家福，照片的背景是父亲工作的变电站，阳光灿烂，绿树成荫，还有一句随时刺疼我的标语"严是爱，宽是害，出了事故害三代"。照片上孩子活泼可爱，父母慈祥温和，生动地记录着我们一家曾经的幸福。

是那一场突如其来的车祸夺去了父亲的生命，也掠走了我们的幸福。后来很多人都说，是父亲命运不济，以父亲的酒量，喝的那点酒根本不算什么。可我固执地认为，如果没有那一点酒，父亲或许就可以提前意识到危险，从而更清醒地避开那辆呼啸而来的车子。我们就可以继续幸福无忧地生活，继续在阳光下灿烂地微笑。

父亲去世的那一年寒假我回家，下车时我看见你，推着父亲笨重的老式自行车，走在漫天飘舞的雪花中，脸冻得通红。看见我，你情不自禁地流泪，告诉我："妈妈生病了，家里没有米。"那一刻，身为兄长，我把眼泪吞进肚子里，忍住一切心疼地安慰你，鼓励你坚强。妹妹你是个抱着洋娃娃做梦的女孩，何曾知道生活的艰辛，是父亲的离去让我们失去了最强有力的依靠，开始坚强地成长。母亲的痛苦是最彻底的，新年前夕，她把父亲全部的酒瓶都扔到雪地里，她对父亲的突然离去是怀有恨意的，苦心经营多年的家，因为几杯酒而失去最强有力的支撑，变得残缺不全。

郁郁寡欢的母亲在几年后也离开了我们。妹，讲这些，并不是想揭开你心底的伤疤，我怎能不知道父母的事情一直是你心中最深的阴影。每年清明都能看到你忍不住的悲戚，忍不住的眼泪，我想说的是，哥不希望继续有不幸的事情发生。

现在我们各自成家立业，你也为人妻母，肩挑家庭社会的双重责任。有一个爱着你、依靠你的孩子，有一份值得你珍惜的事业。你很幸福，但这份幸福来之不易，需要用心珍视。你是我唯一的妹妹，血浓于水的亲情更让我牵挂你的平安，让我不得不提醒你，不要觉得事故远在天边，不要以为小错误无关紧要，不要以为一次去厂房没“两穿一戴”也平安无事。命运不会永远眷顾于你，形成习惯后就悔之晚矣。严谨细致是一种生活态度，只有你认真地对待，源远流长的幸福才能永远陪伴你。

妹，你的平安才是亲人最大的幸福，想一想你可爱的孩子，哥相信你是一个好母亲，永远不会让自己的孩子失望，哥哥会永远祝你平安的。

问候你的家人，祝万事如意！

你的哥哥

（程小强，国网随州供电公司程小玲哥哥）

回音壁

中年人意味着更多的责任与担当

哥哥：

你好！

来信收到，很久都没有收到书信，看完来信竟有些恍惚。恍若回到20多年前，你上大学时给我写信鼓励我好好学习，寄回一堆复习资料。时光匆匆，转眼间我

的桌上又放着《五年高考三年模拟》的资料，竟是买给我的孩子的。

我们都是中年人了，中年人意味着更多的责任与担当。从你在信中的言辞，我感觉到你对安全如履薄冰的态度。是的，人到中年，最幸福的事情就是一家人平平安安，健健康康。

父亲去世的时候也是中年，这几乎是我们全家的噩梦。一转眼，坍塌了所有的幸福。我永远记得那次我推车出去买米的时候，隔壁大妈拉着我的手，满是同情地跟我说："这孩子真可怜！"我不怕吃苦，不怕受累，可是那一句"可怜"瞬间轰碎了我的坚强。在我的意识里，一直以来，我们家都是被羡慕的。我的父亲是个受人尊敬的电工，家里有一堆劳模、优秀共产党员的证书。我的母亲敬老爱幼，能烧出可口的饭菜，会织美丽的毛衣，温暖和气，是我衣食无忧的保障。我的哥哥，是我们镇上出名的学霸，唯一的大学生，是我跟朋友炫耀的资本。此时，竟然因为一场车祸，让我变得"可怜"。

很多年后，这个词还深深地刺伤着我。特别是有了孩子以后，我居然特别怕他变得"可怜"。孩子学会说话不久，我就教他背下我的电话号码、家庭住址，我怕他走丢了，"可怜"地找不到家。孩子大一些，我宁愿早起送他，也不肯让他骑自行车上学。每次，刚有点咳嗽，我就迫不及待地吃药，给孩子冲板蓝根，我怕传染给孩子，也怕自己生病了无法陪他。我在调度工作，每次倒闸操作我都会仔细检查，我怕因为我的疏忽让别人家的孩子变得"可怜"。从事党建工作以后，每次安全例会我一样会去参加，我想多学一点安全知识，就多一份保障。

去年，我们这边有一起触电事故，死者32岁。当看到他的妻子抱着两个幼儿，扶着80多岁的祖母声泪俱下地哭诉时，我的内心涌现的第一个词也是“可怜”。妻儿老小都是无辜的，却因为大人的不安全行为承受“可怜”的代价。那一刻，我又一次想起自己“被可怜”的记忆，很想去问问当年的父亲，为什么要喝酒？很想去问问当年的肇事者，为什么要超速？

前些天，无锡高架桥侧翻事件在网上引起热议，三死两伤令人唏嘘不已。人生看似很长，但意外无处不在。说实话，最开始看到报道的时候，我首先想的也是桥的质量问题，那时候我好想给你打电话。哥哥，你现在是公司首席工程师，做了多年的汽车底盘设计。现在汽车广泛进入家庭，每年因质量问题被召回的现象也变得习以为常。设计是安全最开始的环节，我相信我的学霸哥哥是把安全放在最重要的位置的。有我们自己人生的切肤之痛，哥哥在设计上一定不会有任何纰漏的，看到你的来信，我更坚信这一点。

哥，年纪越大，越觉得生命里有太多的猝不及防，我们只能尽力地堵漏补缺，筑牢安全的防火墙。纸短情长，也唯愿逝者安息，活着的人坚强，往后余生，好好陪伴，不留遗憾。

祝：全家安好！

妹：程小玲

多听父母饭桌上唠叨的“安全经”

冯　丽

亲爱哒三石弟弟：

展信佳！

最近有没有瘦一点呢？上次来信你吐槽说所里食堂换了新大厨，每餐都是“舌尖上的中国”，害你最新体重又直逼 0.9 吨！

哈哈哈，我把你的这个“不幸”消息告诉了爸妈。他们让我告诉你，再胖下去，会找不到媳妇的。讲真，爸妈其实很担心你在县里不适应，尤其你还在那么偏远的所里搞工作。大别山中段，鄂豫皖交界，听起来很高大上，但是现实很骨感，好希望你的身形也能骨感起来哦。

好了，不打趣你了。冯磊同志，这次向你写信呢，主要是传达冯氏家族的相关指示，请你务必认真阅读，并在最短时间内回信。

爷爷缠绵病榻许久了，目前身体还算是康健，没有什么大的变故。爷爷让我告诉你，每天夜里睡觉前都要回顾总结下白天做的事情，出门工作要注意安全。他特别担心你进村又被鹅追……我想你刚上班去抄表时被鹅追这个梗，估计大家都忘不了。爷爷现在身体状态还算平稳，你不必过于挂念。虽然他老人家平时不说什么，但他心头很是挂念你这个大孙子的，总是问我你什么时候休息。

妈妈还是老样子啦，倒是爸爸有点状况：体检发现尿酸偏高，都踩“红线”了。你是知道他“安全”意识的，以前他天天在饭桌上对我俩说，工作要注意安全，行车坐船都有三分险，电力工作中安全更是大于天。现在他自己的身体安全出了问题，他可自责了，现在正在积极调整。

你现在是不在跟前，不用听他每天“安全教育 30 分”，所以，在这里，我按照指示也给你传达一条。爸爸最近看到一首诗——“泾溪石险人兢慎，终岁不闻倾覆人。却是平流无石处，时时闻说有沉沦”，他要我告诉你，小心驶得万年船，水边淹死的大多都是会游泳的人。他希望我俩平平安安出门，高高兴兴回家……吧啦吧啦，你懂的。只要我回家吃中饭，就要听这饭桌上的“安全经”。

还有啊，最近他和妈妈还学会了玩抖音，看到一些吸引人眼球的安全新闻、安全报道啊，就非常担心，总是转给我看……“可怜”我天天被警示教育。所以你也别埋怨我老是午休时给你发微信了，那都是家族给的政治任务，懂？！！

其实你懂的，从小你就比我懂事。大家都说，我俩生倒了，你像是我哥哥。但是吧，我终究还是比你多吃了些盐，多走了些路。虽然家人的寄语絮絮叨叨，但是核心思想就两字：安全！

明天就是重阳节了，我会带爷爷还要爸妈他们一起去爬龙王山，去喝菊花酒，去吃重阳糕，可惜遍插茱萸少三石啊。

盼复。

最近刻苦锻炼苗条了很多的老姐

（冯丽，国网黄冈供电公司）

回音壁

要时刻保持安全警惕性

不嗨瑟不是我的亲姐：

见字如面。

不要叫我三石弟弟，那是人家吴磊！一把年纪了，还天天追星，我可是听妈妈说了，你最近又在哈肖战、王一博，还托你闺蜜搞《天天向上》门票，准确去面基！

不是我说你啊，老姐，你有这个闲工夫，不如多看几本书，多写几个宣传方案，多做几场我们年轻人喜闻乐见的活动。上次你们党建部做的那个“青安先锋座谈会”，我就觉得十分有意义。你真要追星，就追追我们系统的明星好伐。市公司现在不是持续在推“出彩黄电人”吗，你有看明星八卦的时间，真的不如来我们一线，看看黄电铁军的风采。

好了，我也不刺激你了。知道你平时工作繁忙，姐夫总是跟我吐槽说他是个“单身汉”，找个老婆，整天不落屋。妈妈也时常跟我说，你儿子子栩不粘你，睡觉都只找奶奶……虽然你在党建部，做文字工作，不用跟我们一样出外勤。但是你也要注意安全。

爷爷的挂念不是针对我一个人的，你永远是家族的大姐大，我们都是向你看齐的。爸爸妈妈的唠叨，你也要认真的耐着性子听，克服“色难”不易，但是安全对于我们真的是第一重要。我现在天天都在学安规，日日都在行安规。上班几年了，大大小小的安全事故，我通过网络、书籍、培训等，也见识了不少，前事不忘，后事之师。对于安全，我深刻地觉得只有对自己负责，才能对家人负责；只有对同事负责，才能对企业负责！

还有啊，姐姐，算我求你了，别让人再提鹅鹅鹅的事情了，糗死了……我现在都是青安先锋了，我们所的党员服务队队员可是“进村狗不叫，进屋晓得柴火灶”。要用发展的眼光看问题，刻舟求剑是要不得的。

说到这里，我还想嘱咐姐姐你几句心里话。你的个性大大咧咧，看谁都是好人，所以你尤其要注意一些隐形的安全问题，譬如交通安全。有很多次大半夜了，你还在加班。如果你是骑车，一定要慢一点，别老是走神儿。如果你是乘车，请尽量做正规出租车，要时刻保持“安全警惕性”。爸爸说得对，小心驶得万年船。再者就是你也经常到基层督导指导工作，但凡是到了施工现场，请务必严格执行“两穿一戴”，不要为了臭美，不戴安全帽！！这个十分重要。

这次重阳节，很抱歉我又爽约了，你就把我的那份也吃掉，喝掉啦。听话，乖啊，尘世难逢开口笑，菊花须插满头归，哈哈哈……

告诉家人，我在这里挺好的，清风明月，竹韵松涛，耳得之而为声，目遇之而成色。请不必为我挂怀。

三石一样多的爱。

瘦身 ing 的弟弟：冯磊

期待华丽绽放自己

程　耿

表侄治仁：

你好。

光阴似箭，日月如梭。屈指算来已有半年多没与你联系了。

前天，随公司供电指挥中心到你所检查工作，不巧你下乡抗旱去了。虽说未曾谋面，但从供电所的流动红旗公布栏中，看到从一月倒八月所安全光荣榜上，你月月被评为“安全生产标兵”，真可谓“牛气冲天”一路飘红。我的心如同抹了蜜一般，甜透了。进而心生敬佩，作为一个资深的老农电，我深知夺取这一面面红旗的艰辛和不易。更何况你“半路出家”，从一个小商贩到村委会推荐任村电工，从村电工到招聘上岗的“农电”员工。一路走来，历尽风雨、坎坷。

说实话，过去我们在同一个供电所工作，对安全这个“敏感”的名词，你一直不显“敏感”，安规考试经常“缺斤少两”，时常“名落孙山”。在这个问题上，你老是打电话让我找人说情，然而，每次我那铁面无私的回答，令你一次次“失望”，只有一回又一回通过补考过关。

特别是在去年的“三冬”工作中，你因为忙于家庭建房，安规考试以 0.3 分之差再次补考。在前往你所工作检查的时候，当我在“供电所安全生产曝光台”

上看到，“一、本所安规补考名单，冯治仁、柳某……二、某月某日，冯治仁带领台区管理员王某在大坝台区处理缺陷没有填写工作票……”这两条信息的时候，我立刻从头顶凉到脚底，又好像用刀子捅了一下心窝。一同参加本次安全检查的公司领导说，程工，这个冯师傅好像是你家的亲戚吧，你得帮助帮助啊……

此时此刻，平时说话口若悬河的我舌头变得分外迟滞。只觉得脸红脖子粗，如木人一般，呆在那里，当时只可惜地下无缝，否则真要钻下去了。

听说我来了，你一路小跑汗淋淋地来到我身边，亲热地叫了声：表叔，你来了啊。如果在平时我是多么高兴啊，这次我对你是“水缸对火炉——你热我不热”。你可知道，作为公司一名工作人员下到基层来检查工作，多么盼望自己的亲戚朋友能为自己“长脸”，而你干的工作，却让我羞愧，以致颜面尽扫……

当时我尴尬地把你拉到供电所的旮旯边，狠狠地训了你一顿。没容你开口，我便不客气地对你说：安全大于天，一时的放松，一时的偷懒，换来的可能是“祸从天降”，悔不当初。大浪淘沙，再这样下去，你很快就会被公司淘汰出局。我也不认你这样的表侄了，以后再不要叫我表叔了……

“表叔，遵命！一定牢记重托。保证从今天起，劳筋苦骨学安规，一切从头开始，脱胎换骨重做新。”你还是那么幽默，一副乐天派的样子，机灵地向我许下了谆谆诺言。

“策马前途须努力，莫学龙钟虚叹息。我要的是行动和结果！”我硬邦邦地抛掷了两句话。在你离开的一刹那，我分明看见你迅疾地抹了抹眼睛。然后，咬紧牙关，屏息而逃。

时间如行云流水，稍纵即逝。记得过不了几日，你媳妇欧阳来英带着疑问给我打来电话：表叔，是不是农电工又要大考了。治仁他天天一有空就捧着本《电力安全工作规程》在看，闻鸡起舞，夜以继日，人都瘦了好几斤……又是背又是抄，每天晚上还要我为他抽考题，往往一道题三番五次地读，纠正N次，还是记不住，常常搞到三更半夜……

在这个节骨眼儿，得到你发奋图强、奋起直追，胸怀“黄沙百战穿金甲，不破楼兰终不还”鸿鹄之志的这个信息后，我打从心里为你高兴。

我向你媳妇欧阳来英进行了电力形势教育，告诫她：目前，电力系统上下正在进行安全生产基础素质“三过关”，每个员工对安全知识必须要弄懂弄通、融会贯通才能上岗，否则一律下岗。告诉她，你的基础差，底子薄，要想吃长远饭、在单位立于不败之地，必须要在理念学习上下苦功，实际工作上用真功，安抚她，要克服暂时的家庭困难，全力支持你的工作，保证安全生产基础素质“三过关”。

从放下电话的那一刻起，我就默默地为你祈祷，期待你的华丽蜕变。

功夫不负苦心人。在 2019 年的春、秋季安全考试中，你取得了双 100 分的好成绩。在公司组织开展的班组“两票”合格率劳动竞赛活动中，你带领的团体被公司评选为“先进班组”，你荣获“先进个人”，在农电战线上独树一帜，成为农电员工中的安全标兵。

治仁，学习靠努力，只要努力就会有收获。你的变化，你的成绩，令我敬佩。表叔为你的成功而感到荣耀和骄傲！在这里表叔要为你点赞！

治仁，最后我还是要再唠叨几句，“骄傲自满是事故的导火索，谦虚谨慎是安全的铺路石”，“安全是生命之本，违章是事故之源”，对于供电企业而言，安全生产又是一项长期的课题，一刻也不可松懈，更不能存有侥幸心理。

在我们的生活中，安全是把双刃剑，你遵守它的规则，他就会保护你，违背它的规则，你就会付出血的代价。

在我们的工作中，千条万条，安全生产第一条；千计万计，安全教育第一计。只有始终如一地关注身边的安全问题，时刻养成自纠自查的良好习惯，安全便不再是纸上谈兵，安全也便稳如泰山。切莫因为你的一个疏忽，而影响他人的幸福生活。

治仁，天行健，君子以自强不息。请牢记，安全，永远在路上，他需要从工作中的点点滴滴抓起、做起。希望你，扬长避短，发扬成绩，再接再厉，在今后的工作中立足岗位，更好地发挥模范带头作用，以强烈的责任心带动更多职工更加积极地参与安全生产工作中来，以实际行动用安全的音符谱写供电企业最美丽、最动人的乐章。

此致

敬礼！

程耿

（程耿，国网黄冈供电公司）

回音壁

平安、幸福地度过每一天

尊敬的表叔：

您好！

来信收到，十分感谢您在繁忙的工作中，给我写了这份充满深情的家书。我和妻子欧阳来英手捧家书细细品读了两三遍。您的书信让我们茅塞顿开，使我们对安全这个熟悉的词句，再一次加深了了解，再一次绷紧了安全生产这根弦。

表叔：饮水思源，吃水不忘挖井人。我和来英拜读了你的书信后，回顾过去我刚接触农电工作时，我拜你为师，你从安全生产到营销管理，从登杆作业到电费回收，从故障排查到线损管理。凡此种种，你为我的工作和成长操碎了心，我们一直铭记在心中。

特别值得一提的是在安全工作上，你既是我的启蒙老师，更是我的师傅和恩人。在我刚从事农电工作时，存放在配电室的10千伏绝缘操作杆被人偷走了。每当跌落开关发生问题时，只能到供电所去拿绝缘操作杆送电，我们远离供电所，操作起来很不方便。

记得3月的一天，雷声隆隆，大雨倾泻。我村配电台区B相跌落开关掉了，恰巧村民冯某家里办喜事，冯某一家人冲到配电室要求送电。你说，等雨小点，供电所马上就派师傅送绝缘操作杆来送电。当时，冯家曾在本村担任过电工的老大，自认为懂行，想趁众人在场“炫耀”一下自己的本领，从家里拿来一根竹竿子强行动手要送电。你我坚决制止并反复强调：雷雨天气这样操作（送电）很危险。

冯家老大对我们的制止毫不放在眼里，一时失去了理智。一面召集亲戚朋友无理地推搡着我们，一面大声叫嚷：“老子过去是管电的，今天我就不信这个邪。”急匆匆地强行用竹竿子送电。当跌落开关尚未合上时，只听见“啊”的一声，冯家老大应声倒地。就在大家惊慌失措的时刻，是你立即用人工呼吸将他从死亡线上拉了回来。

从此，这家人再也没有和我们“理论”过，还自愿加入“电力义务护线员”行列。你被我们辖区的老百姓称之为“福星”“电保姆”。同时，我在辖区开展各项工作也顺风顺水了。

表叔：感谢您，你不止一次地告诫我，要牢记安全，从理论学习入手，筑牢基础，弄懂弄通安规的内涵，多思多问，不放过一道难题。只有用安全意识武装自己的头脑，才不会因为思想上的麻痹而造成终生的遗憾。

令我不可忘怀的是去年“三冬”期间，你来我所进行工作检查，由于我安规补考和在大坝台区处理缺陷没有填写工作票受到本所通报，你把我拎到一旁，阴沉的脸上像涂了一层霜，对我进行了严肃批评。当时，你的每一句话，都像一个巨大的手指，在拨动着我的心弦，又像一记沉重的鞭子，让我耳热心跳，浑身燥热。我的心灵受到了极大的震动，惭愧和内疚让我的眼泪夺眶而出……

回到家后，我对妻子说，我给表叔丢脸了，往后一定要刻苦学习安规，争做安全先锋。

从那时起，在妻子的监督下，我认真学习安全规程，几乎到了“头悬梁，锥刺股。彼不教，自勤苦”的境界，往往为了一道题坚持到三更半夜……

表叔：现在您的教诲，我铭记于心，安全理念在不断提升。在日常的工作中，无论在干着什么，我心中都牢记安全第一，时刻想着安全，心中注意着安全，任何时候都遵章守纪，按章作业。真正做到“四不伤害”。真正把安全“印”在心中，把安全职责落实在实处，把一切隐患消灭在萌芽状态。

此致

敬礼！

表侄儿：冯治仁

安全是我们共同的追求

管国春

生产一线的同事们：

人生道路漫漫长，悠悠岁月需平安！

提笔给大家写这封信，我感到无比荣幸。因为可以借此机会给大家送去我最衷心的祝福，希望大家每天都能平平安安、健健康康地工作和生活。

在书写“安全”两个字的时候，我觉得像是手握千金担。作为分管安全生产的领导，在安全工作上我常常是如履薄冰。为什么这样说呢？因为安全等同于生命，“无危则安，无损则全”。人们在生活和生产过程中，生命得到保证，身体免于伤害，财产免于损失，这就是安全。

说句实话，我特别不喜欢安全统计数据里的人身伤亡率几万分之一、几十万分之一甚至几千万分之一。虽然基数看起来不大，但对于失去亲人的家庭来说，那是他们唯一的儿子、唯一的丈夫、唯一的父亲。那是他们不可替代的亲人啊！所以，在安全工作上，如果我对你们严厉斥责，甚至严苛要求，也请你们能够理解和谅解，因为这是我的职责所系；因为我不希望你们中的任何一个人成为那几万分之一中的那个一；因为我们每一个人的安全都关系着一个家庭的幸福，它就在妻子温柔的笑脸上，儿女依依的期盼中，父母虔诚的祈祷里；因为我希望大家能在上班时严谨细致，下班时谈笑风生，享受工作的乐趣；能在父母跟前尽孝，与妻儿欢聚团圆，享受家庭的温馨。

人们常说：安全是根绳，牵着千万人；安全是根线，连着亲人念。一个人的生命，不仅仅属于他自己，也属于父母、妻儿和亲朋好友。我们电力企业作为一个技术含量高度密集的行业，它的属性决定了它是一个危险度较高的行业。我们的人身安全是亲人最牵肠挂肚的事情。虽然我们的安全制度健全、安全组织明确、安全措施得力，但绝对不能有任何麻痹大意的思想，更不能有任何侥幸心理，因为事故往往就发生在不经意中。一瞬间，就是生与死的界线。所以我们一定要紧绷安全这根弦，牢固树立“安全第一”的思想，遵守安全规章制度，杜绝“十二项禁令”“十不干”恶性违章行为发生，自觉做到不违章、不受伤，不伤害自己、不伤害别人、不被别人伤害，时时讲安全，处处讲安全，事事讲安全。

愿“高高兴兴上班去，安安全全回家来”伴随着我们大家，最后，用这首安全顺口溜与大家共勉。

事故皆因三敌人，违章麻痹不负责；

安全之经天天念，警钟长鸣敲不停；

不违章，不麻痹，安全责任要牢记；

严守规章和纪律，懈怠侥幸是大敌。

祝大家工作顺心、平平安安！

管国春

（管国春，国网黄冈供电公司）

回音壁（之一）

精心调度保安全

管总：

您好！每当我们看到您忙碌的身影穿梭在施工作业现场的时候，我们都会下意识地想到安全生产。看到您的信，我们思绪万千，情不自禁地提起笔，将我们的心里话向您诉说。

公司作为基础能源行业的引领企业，不仅肩负着保障地方党政军电力安全保障的基础任务，还承担着满足人民群众日常生活需求的重担。安全生产管理工作覆盖面广、环境复杂多变，一旦疏于防范，发生事故，将给国家和企业带来巨大的损失。为此，我们深知您肩上的责任重大，每当看着您奔忙于公司各个基层班组，督导安全防范工作的身影时，我们真想对您道一声：您辛苦了！

多年来，我们同舟共济，相互扶持，一同经历了困难的局面，也一起分享了成功的喜悦。首先感谢领导对员工安全的重视，对员工生命的关怀和爱护。我们将继续支持公司对安全的各项重要政策及各种规章制度，并希望公司出台更多的安全政策，保障员工的生命安全，而不是疏于形式。

安全是企业的生命，更是员工的生命。安全生产是我们幸福的源泉，我们需要安全。我们时常感慨，能在这样一个能够把安全和员工生命放在第一位的企业，我们幸福至极，更能放心地为公司尽职尽责创造效益。

作为电力员工，我们深知安全生产对公司各方面的极端重要性，为了公司的持续健康发展，为了家庭的幸福生活，在今后的工作中，我们将继续严格遵守公司各项安全规章制度和操作规程，认认真真，兢兢业业履行好各自的职责。争做让领导放心、家人放心、同事放心的优秀员工！

此致

敬礼！

调控中心全体员工

回音壁（之二）

不辜负领导的千咛万嘱

管总：

您的叮嘱已收到，非常感谢您在百忙之中给我们写了一封安全家书。这封家书也是一堂生动的安全课，让我倍受启发，感谢您对我们基层员工的关注和关心，作为基层员工，对于安全，心里也有别样的体会。我认为在当前安全生产要求日趋严峻的形势下，全体一线员工应该履行好岗位职责、严守安全规程，做到人人警钟长鸣，确保安全平安。

一是拉紧安全意识弦。平日里，我们经常开展各类“安全日”活动，开展专题学习，学习安全事故通报，吸取安全事故惨痛教训，每次的学习都是对我们进行的安全教育。生命只有一次，安全不容疏忽，不能说通报里的事故离我们很远。实际上，我们作为局外人都觉得不可能犯这种低级错误，但是一旦安全意识不到位，这种失误随时都会发生在“局中的自己”身上。只有时刻拉紧安全意识弦，才能始终将安全牢记于心。

二是学好安全基本功。作为一名基层一线人员，《安规》是我们一切工作安全操作的规范，公司为我们营造了良好的《安规》学习氛围。在学习中，能对自己日常工作中的作为进行一次审视，及时纠正不规范操作，将安全隐患扼杀在源头。应该说，从自身吸取教训是痛苦的。《安规》就是从一例例典型事故中提炼出的安全规范，是一条条血的教训，我们有什么理由不好好学习呢。为进一步提高安全技能，公司组织开展教育培训，为我们提供了增强专业技术，保障安全规范的学习机会。

三是筑牢安全防护网。日常工作中，布置现场安全措施，召开班前班后会，是工作中重要的流程和步骤，然而这些重要的流程往往不能引起我们基层员工的重视，磨刀不误砍柴工，做好现场安全防护措施是安全生产工作的前提和保障。对于公司推行的作业风险管控系统，起初认为是多此一举，认为这是公司“过分留痕”的举措。但是现在使用之后，发现风险管控系统其实就像是一双眼睛，时刻监督自己是否按照规范作业，以压力催生动力，不断提升了自身的安全作业水平。

当好安全监护人。在工作中要认真当好安全监护人，做到“四不伤害”，不伤害自己，不伤害他人，不被他人伤害和保护他人不受伤害。要担负起关心爱护他人的责任和义务，这是集体中每个成员的承诺。

最后，我代表基层员工承诺，在今后的工作中将安全放在第一位，坚决不违章，为公司安全生产工作尽一份力，不辜负管总对我们的千叮万嘱。

杨跃峰

把守规矩、讲纪律融入安全工作

周宗波

弟：

你好！

长这么大，还从未提笔给你写过信。特别是在现今，通迅这么发达，而我却要用这种最传统、最原始的方式给你写封家书。只是因为今天在办公室学习《国家电网公司典型事故汇编》，不禁想起了身在供电所所长岗位的你，是否牢记“条条规程血写成”，更不希望在你的管理范围内出现“用鲜血来见证规程正确性”的过错。

弟，事故汇编中，都是小小的违章造成人身伤害的。对你来说，始终要牢记“不以恶小而为之，不以善小而不为”。安全管理的恶与善，就是你是否能做到不违章指挥和不强令冒险作业。你下达的指令，从一定意义上来说，不仅关系到一个家庭的幸福，关系到供电所安全稳定，更关系到你自身的安危与前途。希望你在安全管理中，能多做安全的善，杜绝安全的恶。爸爸妈妈年事已高，他们不需要我们为他们做多大贡献，只希望我们兄弟俩能平平安安，时常回家看看。他们还需要你时常承欢在他们二老膝下。

弟，日常工作中，在安全上要多汲取事故教训，同时也要始终牢记“人非圣贤，孰能无过！过而能改，善莫大焉”。我相信，在你的管理中，不可能不出现一些瑕疵，但对有瑕疵而没造成后果的管理，你一定要认真听取不同的意见和建议，一定要进行自我反思，一定要针对上级提出的意见进行整改，凡事谋定而后动，不随性而为，从而改进自己的管理方法，保证自己和身边人的安全。侄儿还在读高中，还很优秀，他还需要你厚实的羽翼呵护他健康成长。

弟，执行规程中，要牢记自己肩上的责任和义务，同时也要始终牢记“人生犹如一本书，愚蠢者草草翻过，聪明人细细阅读”。我希望你做一个聪明人，去细细阅读和认真执行，不要做一个愚蠢者，将之束之高阁。你的人生就是那一本书，字里行间需要你逐字细嚼，逐行审阅。从安全上来讲，安全规程和工作流程就是你书中的点缀，你不仅要自己严格遵守，而且还要通过你的言、行、管、理镌刻到每名员工的心中去遵守、去执行，才能有效保证你这本书的精彩。你经常不分节假日在基层一线，弟媳在家帮你在双亲前膝下尽孝，并照顾侄儿，她的付出需要你坚定的臂膀给予依靠。

弟，在日常生活中，要时刻保持清醒头脑，不越规违纪，同时也要始终牢记“宁可清贫自乐，不可浊富多忧”。我希望你管好自己的脑，不该想的不想；管好自己的嘴，不该吃的不吃；管好自己的手，不该拿的不拿；管好自己的脚，不该去的地方不去。在政治上也要保证安全。父母养育了我们哥俩，我宁愿有我们开心的玩闹，不希望有一墙之隔的悲伤。

袅袅凉风动，凄凄寒露零。今天是二十四节气的寒露，地面的露水更冷，快要凝结成霜了。你要记得注意保暖，夜已深，街道上的喧嚣和霓虹灯光从窗前透入房间，手上的香烟萦萦绕绕，我的思绪不禁环绕到你工作的场景、会议的场景、指挥的场景……

哥：周宗波

（周宗波，国网荆门供电公司）

回音壁

安全责任大如天

哥：

你好！

收到你写给我的家书，细读数遍，从信中感受和所受教育难以言表。只有同胞情，兄弟缘，严师意方可触心而动。哥对我的教诲我深受触动。

父母的养育之恩，党和国家对我的教育，公司提供我们工作的平台，我们没有任何理由不兢兢业业、恪尽职守地做好本职工作。特别是公司将我们安排在重要的岗位上，手握一些基本的权力，成为一名基层的管理者，官不大、位不高，但保安全的责任大如天。既为要职所在，就应履责担当。尤其是你身居公司安全管理的关键岗位，压力和风险及所担负的责任更是可想而知。为公司把关，替领导分忧，帮员工保安全成为你的主要职责。做好本职，尽职尽责，说易做难，我们每时每刻都需要绷紧安全弦，弟有感受当与你我共勉。

一是常学习。掌握管理真本领，安全戒律心中装，安全管理工作国家有法，公司有规，单位有制，范围广、内容细，只有勤学熟记，工作才能得心应手。

二是常谋划。当好安全谋士，布好全公司的安全棋，稳好上下的安全局，先谋后动，谋善而行，行稳致远。

三是多出场。安全知识教育到所有人，唯有不厌其烦地讲，毫无保留地授，普及安全知识方可建立起一道防火墙。安全检查不留死角，违章处理不讲情面，处置得力不留后患。

四是演好角色。为公司领导建言建议中做好配角，在安全管理工作中做好主角，在查处违章中唱好黑脸，这就是有职有位，同时也得有职有为。不当东郭先生，怨声为我所喜，哭声为我所厌，做好本职，立足岗位，为公司安全恪尽职守、尽心尽力。

哥，虽然我们都是公职人员，职责在身，身不由己，在履行本职工作的同时，也要保障自身的安全，出行安全、生活安全、政治安全。安全无处不在，你我都应心系社会、企业和家庭，确实起到顶梁柱的作用。社会稳定，企业兴旺，家庭幸福是我们的共同心声。

哥，刚过十一，又到军运，迎峰度冬也即将来临，我们永远在安全的路上，无法驻足、也不能驻足。工作之余，勿忘身体，关爱家人，我们一起共同努力吧！

弟：周宗涛

让乡亲们用电更安全

朱一佳

于稳：

你好！

首先，我要深深感谢你在八月十三号，第一时间告知我易家荒村的多处低压线路与电杆被大风刮倒、电线拉断、农户停电的严重情况，使我们得以及时组织抢修，从而未造成任何安全事故。从这件事，让我深深感到，要让供电安全，用电安全，我们的维护工作一定要做好。如果每个客户都能像你一样，有安全感，有责任心，在农村形成一个人人关心、人人参与的农村电力安全管理网络、信息报送网络，就能及时知晓安全供电状况，让我们供电更安全，让乡亲们用电更安全。

于稳，虽然出险的那一天我就在易家荒3组我的老家，目睹了那天的狂风暴雨，可万万没想到电力设施受损如此严重。现在，电，可以说是每家每户不可缺少的生产能源和生活必需品。随着农村生产生活水平的提高，洗衣、做饭、照明等，无一日能离开电。但是，电的使用不当，或者输电线路的故障，又会给人们造成损失甚至是重大的伤亡事故，造成伤害的时间更是分秒之间的事啊！正因为如此，我要深深感谢那天你风雨无阻，及时报险，让我们及时抢修，让断在大路边的电线没有导致安全事故。

于稳，从你的及时报险，让我受到很大启发。要安全生产，要安全用电，必须做到人人有责才行。建始多地是崇山峻岭，电线多架设于山坡之中，线路长面积广，有些地方地广人稀，发生险情不易被发现。我在想，只有人人像你一样，一遇恶劣天气，都能成为护线员，都能像爱护自己的财产一样爱护我们的电力设施，才能从根本上解决安全用电的难题。

基于这样的想法，给你写信，除感谢之外，还想和你商量一件事——想近来在易家荒村组织村民开一个安全用电培训会，请你讲讲那天你冒着风雨巡查线路的经过和及时报险帮助抢修的过程，让大家从你的事迹中受到启发，学有对象，以增强村民对用电的责任感。同时，我们以会议的形式开展一次安全用电的培训。现在，很多年轻人都在外面务工，家里多半是老人和年幼孩童，他们还不知道怎样用电才安全，不会使用电器。我想给村民们现场讲讲一些常用电器的正确使用方法，避免不规范用电的危险。到时，请你协助我，好吗？另外，你所在的村线路很长，有些地方没有农户，我想你能否抽出时间，我们一起走访农户，联络感情，让每个农户成为分段义务护线员，这样就不会出现用电安全上的盲区啦。希望得到你的支持和帮助。这可能给你增加了一些负担，找了一些麻烦，但谁让你我是本家，还是亲侄本房呢？

以上这些，只是我的大致想法，望你接信后，根据村民实际情况，提出更多思路、措施和建议。

顺颂秋安

朱一佳

（朱一佳，国网恩施供电公司）

回音壁

感谢你们风雨无阻的守候

一佳大爷：

来信收悉。你在信中谈到感谢上次我在大风天气查线路的事，这是我应尽的职责和义务，安全用电人人有责嘛。其实，我和村民要感谢你呢。接到报险，你们风雨无阻，迅速组织人员抢修，在最短时间内就恢复供电了。

你在信中谈到的想法很好。是的，我们建始的用电历史在全州算是最早的。电，给我们老百姓带来了福祉，提高了生活质量和生产水平。随着我们农村生产生活水平的提高，家用生活电器设备的增多和生产电动设备的大量使用，用电安全就成了必须重视的大事。你说的要在我们这开一个现场培训会是太及时了。确实，现在我们这里懂电的村民大多在外打工，家中主要是老人、妇女和儿童。他们对怎样用电才安全不是很了解，存在不少安全隐患。通过培训示范，就能让村民们正确使用电器和进行简单的故障排除，我会全力协助支持你把这件事搞好。

你在信中谈到分户负责维护巡查线路的办法，也是很好的建议。安全用电、维护线路设备应该是我们每一个村民的责任和义务。我们村委会会协助你做好群众动员工作，分户落实好路段，使线路做到每杆有人管，特别是遇到灾害天气能有人巡查，遇到事故能有人及时报送信息，这样，就能保证线路畅通和安全生产了。

一佳大爷，还要给你说件事，就是我们易家荒8组靠沈家荒的那边低压需要整改，当地百姓反映电压低，钢磨都带不动，希望你及时向供电公司反映。反正我只认你，谁叫你是我大爷呢！

此致

侄孙：朱于稳

案例皆用血泪写　安全生产记心间

余国兵

亲爱的徒弟：

安全，是一个永恒的主题。

参加工作两年多来，你肯定知道公司的一个惯例，每周必须开安全日活动，每次节假日后必须开展节后专题安全日活动。活动中我们学习一项项规章制度，重温一例例鲜活的案例，重点都在两个字上：安全。

安全是我们工作的态度，是寻求利益的原则，是我们每个人奋斗在岗位上的一切。然而，“安全”绝不是一句口号，也不是一个指标。

近年来，国网公司内部的安全生产形势不容乐观，接连发生6·11陕西安康人身事故，11·1咸宁变电站恶性违章误操作、西藏日喀则公司110千伏吉定变电站墙面粉刷发生人身触电等事故。这些血的教训，剖析其发生的原因，无外乎是习惯性违章、安全措施不到位，归根结底还是安全意识淡薄，在未做好安全措施的情况下，盲目进入工作。这些都在进一步警示我们，“安全意识”是比接地线更重要的“保命线”。同时也充分说明安全工作具有长期性、艰巨性和复杂性，更警示我们每个人都要牢固树立“发展决不能以牺牲安全为代价”的红线意识和底线思维，进一步提高对安全工作极端重要性的认识，坚持反思自身安全隐患漏洞，正视安全工作中存在的问题。在日常工作中做到“讲规矩，守纪律，强意识，去胆大‘病’”。我想给你说说自己的经验。

一是艺高人胆大要不得。例如上杆子时，肩扛金具，不系安全带，杆上作业不挂后背绳。以为自己登杆几十年，技术很娴熟。其实，这有两个违章表现：第一，违反了“工具、物资材料要用绳索传递”；第二，违反了“登杆全过程不得失去安全带的保护”。试想，万一脚扣打滑，直接高空坠落。

二是冒险人胆大使不得。例如有时更换三相电能表，为了客户正常用电，不大面积停电，免得被投诉，觉得 0.4 千伏低压没得 10 千伏高压危险，就带电作业。但万一火线、零线短路，特别是相与相触碰短路，轻则烧毁电表，重则烧伤人。

三是心存侥幸人胆大干不得。例如在重力杆上紧线，图省事、怕麻烦、抱侥幸，不打临时拉线。心想，重力杆这么粗，埋深也够，怎么会倒呢？殊不知，万一导线被障碍物突然挂断，电杆质量差、柔韧性弱、机械强度低，电杆就会“闪”断，眨眼间，杆倒人亡。

这些习惯性违章，都出现在日常工作中的不经意间，我们的每位师傅或多或少都经历过。凭借经验和大胆，出了事故后悔晚，案例皆用血泪写，防范当从我做起。所以，我希望你对安全要胆小心细，遵规守纪谨小慎微，把事故案例入脑入心，牢固树立“安规考试不合格就是隐患、安规考试作弊就是违章”的理念，对领导的要求听得进，记得牢，做得到，保住一天、一年、一生的安全。

师傅：余国兵

（余国兵，国网随州供电公司）

回音壁

对您的关心与爱护表示恳切的谢意

敬爱的师傅：

自从来到洛阳供电所这个大家庭后，我们就有着共同的目标——人民电业为人民。师傅们闲时经常会传授一些工作经验给我，安全日活动的时候几个班组长也为我们讲授安全生产理论知识与技能，平时大家也对我颇为关照，在此，对您的关心与爱护表示恳切的谢意。

作为一名电力员工，整天忙碌在保障安全生产、确保平稳供电的道路上，穿梭在电力线路下，穿梭在抢修、检修维护等工作中。我们的工作性质决定了必然存在危险性。我们身边都是领导、同事、好朋友。他们的安全、我们自己的安全掌握在每个人的手里。2017年我们入职的第一课就是学习“四不伤害”：不伤害自己，不伤害他人，不被他人伤害，保护他人不受伤害。在我们电力这个高危行业，“安全”二字显得非常重要。我们要时刻把安全牢记心中，时时刻刻做到遵纪守法，确保人身、设备电网、生产安全，有一颗敬畏生命的心。

陈治道总经理多次下基层讲“三W”：一是为什么要讲安全，二是安全为了谁，三是怎样保安全。足见上级公司领导对安全的重视程度。

保证安全，就要加强安全知识学习，抓住每一次精准培训的机会，提高安全意识和安全能力，注意“打基础，管长远”；在施工中搞好安全监督检查，严守安全规章制度，做到“四不伤害”，不断提高安全观念，从“要我安全”转变为“我要安全”。

正所谓“安全是根绳，牵着千万人；安全是根线，连着亲人念”。今后，我做每项工作都将杜绝思想麻痹的意识，考虑安全，设想事故将会给社会、企业、家庭带来惨痛的后果和教训。小心无大过，做任何事都要做到防患于未然，把“安全”二字牢记在心中，平安就是幸福。

谨遵师傅的教诲，以安全为思想警戒，以平常心对待一切，保障自己和他人的安全是最大幸福。

徒弟：柳迪

想跟你说说心里话

柯　璞

哥：

新生开学了，最近工作挺忙的吧。我已经一年没有回家了，家里一切都还好吧？爸妈身体还好吧？你们家小坏蛋还是那么调皮吧，记得少给她吃糖。

上个星期我们机组顺利通过了“168”，料理完这边的收尾工作，下个月我就可以回家了。你最关心的安全问题，不要过多操心了，现场安全管控措施非常完善，管控制度非常严格，我们每天都会班前“三交”。

前天，我们单位组织安全活动，观看安全纪录片时，我看到了那么多由于安全知识贫乏，安全意识淡薄，违反《安规》，违章操作引起的一幕幕悲剧：4·11倒杆死亡事故、6·30触电伤亡事故、7·30火灾事故、12·23井喷事故……某发电厂，一位年仅27岁的工人由于漠视安全、违章操作，最后失去了年轻的生命，留下的是爱他的妻子和嗷嗷待哺的幼子，这是多么残忍啊！某电业局检修班在进行10千伏线路带电作业时，工作人员蒋某漠视安全，不戴绝缘手套，结果左手误碰带电导线，造成人身触电，高空坠落死亡，当时他年仅21岁，大学毕业参加工作还不到一年……

酸涩在眼，刺痛在心。从办公室回到宿舍，我寝食难安，想到了远在千里之外的家人，我想对你说的话太多太多。借此机会，我谈谈我学习后的感受和心得。

虽然我们天天讲安全，时时注意安全，但在实际工作中，在每时每分里，安全隐患都存在，所以从事电建行业的我，必须从思想上重视安全生产，牢固树立安全意识，做到“安全第一、预防为主”，充分认识到安全生产与企业效益的关系：没有安全，企业就谈不上发展，没有安全，也谈不上我个人的生存，没有安全，大家的幸福和未来又从何而来呢？为了我们的企业，为了我自己的家庭，我会时刻把安全理念牢牢树立，要把安全意识融入心灵中，严格遵守安全生产的有关规定，在每一天工作结束后，要反思一下：今天我做到安全生产了吗？每一天筹划新的工作时，要首先想到安全，从自身做起，从点滴做起，不要违章操作，同事间要相互关心，相互提醒，听从指挥，遵章守纪，多一份自律，多一份警醒，携起手来，共同铸造一座坚不可摧的平安长城。

又快到了跟团队小伙伴们说再见的时候了。时间过得真快。一晃我到昌吉项目组有一年半了。我还记得初来这里的时候，这里还是一片银装素裹，迎接我们的是透骨的寒冷。随着我们的到来，机器的轰鸣、喧闹的人声将这里变成了一片热土。

400 多个日夜过去了，我们打下深深的桩基，沉睡的土地被我们唤醒；我们架起高高的钢架，湛蓝的天空被我们刺破；我们点燃熊熊的火焰，强大的动力被我们送到远方。我们并肩在这里战斗，用汗水和智慧打造了这座崭新的电厂。站在高高的厂房前，我由衷地为我们的成就而骄傲而自豪。

而那一批去年 8 月的新员工们，刚来的时候还是满脸青涩，经过这一年的洗礼，他们已经逐渐成长为独当一面的能手，真的挺羡慕他们能如此快速的成长。看到他们，我仿佛看到了公司光明的未来，很期待下个项目能再遇到这群年轻的小伙伴，和他们一起并肩战斗在火热的电建一线。

昌吉项目场地狭小，住得简陋，但是在我们的努力下伙食开得不错，业余活动也很丰富。现在大家都抱怨我们的后勤把大家都喂胖了，其实我自己也胖了十多斤。不行啦，回家后我得减肥了，你可替我把好关，至于你们家小坏蛋以后上幼儿园的事情你就别操心了，让爸妈去接送吧，知道你工作忙，家里的那些琐碎的事情还是交给爸妈去打理吧，你主要还是把工作做好，有时间多陪陪孩子，不要怕爸妈把小坏蛋宠坏了，有人宠是好事，很多事情换一个角度考虑，一切都会变得美好的。

我离家在外，安心工作，你们不要牵挂。等我们变电站建成，胜利投运凯旋时，回家后我们仍然还像从前一样秉烛夜谈，分享生活的愉悦，感受生命的宝贵。我知道作为弟弟或是父母的儿子我都是不称职的，我也知道因为你比别人都更理解我们的工作，一直以来默默承担着这个家，衷心地谢谢你为这个家付出的一切，回家后我会家务全包的，等着看我的表现吧！

好了，不耽误你太多的时间了。最后，希望你工作中也要注重安全规范管理，生活中还要注意保重身体，烟还是少抽一点吧，对身体不好。你的胃也不好，再忙也不要忘了按时吃饭，不要因为身体耽误了工作，加班再忙也要注意休息，睡晚了第二天开车不安全。最后也代我向爸妈和家里人问好，告诉他们我在外过得很好，就是很想念他们。

弟：小强

（柯璞，国网湖北技培中心）

回音壁

相互关爱　共保平安

小强：

你的来信早已收到，全家人都看了好几遍，尤其是爸妈，放在他们枕头下面天天看，天天催我给你回信。因工作实在太忙，现在办公室加班完了给你回信，省得你日夜期盼。

你的来信看了之后让我感慨万千。我发现你成熟了，还学会小幽默了。看了你寄回来的照片依然阳光帅气，还没到减肥的时候，爸妈看你没瘦都开心极了。你和同事们也很亲近，估计工作和生活也过得很充实愉快，好样的。尤其是在工作方面，让我们非常欣慰。你能在工作中把安全放在首位，并且牢记心头，时时刻刻保持警惕性，确实让人省心不少，你学习的心得体会也让我刮目相看，很深

入，也逐步体会到了安全生产的真谛。

如今，安全生产是各单位生产工作中的首要保证，我们单位也十分重视安全管理，安全生产月的活动开展得如火如荼，定期组织专题学习，现场巡视，专项检查，隐患排查整改，不断总结与改进，通过安全教育学习和实际工作中的锻炼，我也不断警醒自己，并学会举一反三。你搞电力建筑，技术深奥，工程复杂，现场突发情况又多，确实让人放心不下，莫怪我们成天叨唠叮咛，估计耳朵都起茧子了吧。虽然看了你的信我们悬着的心终于可以缓口气，对你放心了许多，但还得继续唠叨，全家人要求你继续时刻保持警惕，绷紧安全的弦，增强安全意识，加强安全专业知识的学习，规范安全操作，强化安全管理，也要多提醒工友同事，帮助他们，相互关爱、共保平安。

千叮咛万嘱咐的安全责任记得牢记于心，付诸于行，工作上的事情就暂时说到这里。家里的事情一切都好，你侄女小坏蛋学会跑了，在家里到处乱窜，现在正学说话，但还不会叫叔叔阿姨，只有等你回来亲自教她了。爸妈身体很好，还在坚持早锻炼，你可以放心，我会照顾好他们的。

就写到这里了，有时间多联系，下次多寄点照片回来。

哥

保护好自己，是对家人的一种责任

吴迎杰

亲爱的姐姐：

还记得小时候我总爱跟在你身后想让你带我玩的情形吗？那个时候，你去哪我就会跟到哪，因为那样我就觉得很满足很开心。也许是因为那个时候太小，对于有些事情记忆还是很模糊，但听爸妈总说起一件事，时刻也在提醒我们注意安全。

记得那一年冬天吗？那时我 4 岁，你 6 岁，都是很爱贪玩的孩子。你也总是闲不住地满大街跑着玩，我就爱跟着你，你牵着我漫无目的地在街上溜达，见到哪里热闹你就带我去哪里，简直对所有的事物都充满了新鲜感，可是渐渐地走着走着你忘了回家的路，直到傍晚又累又饿，就坐在路边歇息了。望着路上寥寥无几的人，我开始哭了起来，直到出来散步的二爹看见了我俩，才把我们带回去。后来听说你当时脸上充满了焦急与恐惧，爸妈也在到处找我们，回去后被好好教育了一番。从那时起，我心中也慢慢建立起一种安全意识，时刻保护好自己是对家人、亲人的一种责任。

现如今，大学毕业后你考进了国家电网，我也跟着你的脚步考进了系统内。仿佛我还是那个长不大的孩子，还爱跟着你玩一样。可是现在在不同地方工作，各自的岗位也有各自的安全责任。我现在岗位是在基层一线，我们定期要学习安全文件和安全事例，就是为了在工作中防微杜渐，谨记安全第一。每每听到安全事例时，不禁让人的心情五味杂陈，一半是沉重，一半是欣慰。沉重的是回顾过去，由于安全意识的缺乏，安全设备的落后，还有本身对安全意识的疏忽、淡薄，有多少前辈、师傅、同仁们，付出了鲜血、甚至是生命的代价，给多少家庭带来了痛苦和追忆，它给我们带来的不仅仅是泪水、辛酸和悲哀，更是无尽的思索和探讨，以及对生命的留恋与惋惜。欣慰的是通过这些血淋淋的教训，我们都能引以为戒，时刻把安全放在心上，让安全成为我们工作中的头等大事，从而避免悲剧重复上演。

虽然如此，但各种安全隐患、因素仍然存在，不管何时，都要牢记“安全第一，预防为主”的方针，俗话说得好“安全是根绳，牵着千万人；安全是根线，连着亲人念”，这不仅是对自己负责，也是对家人、亲人的负责。同时更要提醒同事提高安全意识，在每项工作开工前，你要提醒你身边的每个人，紧绷安全生产这根弦，只有人人关心安全，事事注意安全，才能对他人负责，对自己负责，对企业负责。

我们一母同胞，血脉相连，亲爱的姐姐，在此希望你时刻照顾好自己，把安全时刻记在心上，平平安安，生活顺心，越来越美！

爱你的弟弟

（吴迎杰，国网荆州供电公司）

回音壁

安全给了我们生活的开心与幸福

亲爱的弟弟：

很开心又意外的收到你的来信，开心是因为收到了你的关心，意外是因为第一次收到你给我写的信。一晃二十多年，当初爱跟着我玩的那个可爱的弟弟如今也长大了，小时候带你到处玩还不小心差点弄丢了，现在想起来也实在后怕。当时我的确很担心和焦虑，不过上天给了我们好运，遇上了二爹。无论以前还是现在，自我保护和安全意识是不变的，这是你我都应该要时刻关心的。

现在我们在同一个系统，安全更是时刻在强调，时刻在学习。记得三年前你刚进入单位参加工作时，经常问我工作上的事情，对自己的定位还是很模糊，说天天在学习《安规》很枯燥无味，可能那时你还没有认识到安全的重要性，自己的安全意识也比较薄弱吧。那时候我就慢慢给你讲去现场注意安全的一些简单的事项。现如今，你也是基层生产一线的安全管理人员了，安全意识与安全责任更应该加强，每时每刻都要注意安全这根红线啊。

你提到的定期安全学习，我们这里也在学习。学习安全事例时，最先想到的就是奋战在一线的你。亲爱的弟弟，人的生命只有一次，安全给了我们生活中的各种开心与幸福。珍惜生命是对自己负责，是对家人负责，是对他人负责，是对社会负责。当你平安归来，大家围坐一起，谈笑风生，其乐融融。在爸妈的眼里，你是顶梁之柱；在姐姐的眼里，你是我的骄傲和期盼；在企业的眼里你是企业的未来和栋梁。只有安全才能为我们的人生保驾护航；只有安全才能为我们的人生增光添彩；只有安全才能使我们的人生绚丽多姿。

在自身的安全管理上，我觉得安全管理重在管理人，管理人重在管理人的意识，只有安全意识提高了，作业现场的安全性就会大大增加，希望你能紧绷安全生产这根弦，对自己负责，对他人负责，对家人负责。

亲爱的弟弟，在生产岗位上首要的是安全。现在的你时刻与安全紧密相随，希望安全伴你左右，与你同行，期待每一次我们家人的相聚，愿你幸福开心，快快乐乐！

爱你的姐姐

安全与生命休戚相关

肖梦源

刘肖然：

表哥你好，见字如面。9 月 25 日，星期三，我们孝昌县 35 千伏凤关悟线 14 至 17 号杆附近突发山火。我跟随公司应急抢险队员赶赴现场灭火。经过 2 个小时的紧张扑救，终于控制住了火势。虽然这不是我第一次近距离参与抢险救援新闻报道，但是心中难免还是紧张。

俗话说得好，警惕与安全共存，麻痹与事故相连。我此刻非常挂念你，我的好兄弟。当你在彭湾变电站开始新一轮的值守时，是否想到了安全？当你学习安全规章的时候，是否想到它是鲜血和生命的凝结？当你在尚未明确操作规程时，是否会贸然行动？

安全是我们电力工作者最重要、也是最基本的要求，安全是我们健康成长的条件，是家庭幸福美满的保障。在人生的旅途上，安全和你我同行。我们从出生到蹒跚学步，再到进学校读书，走上工作岗位，摇摇晃晃地行走在人生的道路上，这期间，我们每一个人都离不开“安全”这个拐棍。如果没有了它，我们也许在哪一天就会摔倒爬不起来，就有可能禁不起那些风风雨雨，更不可能到达人生辉煌的顶峰。一个家庭恰似大海中的一艘航船，舵手、水手、轮机员是一个不可分割的整体，他们必须密切配合，航船才能驶向幸福的彼岸，航船上的人才会有一种幸福、美满的享受。反之，只要航船上的任何一个人出了问题，航船就有可能无法航行，或者会偏离航向，甚至触礁。

近几年来，国内外安全形势十分严峻，天津港爆炸事件、辽宁送变电工程公司 7·3 事故、巴西亚马逊雨林森林大火……每一起事故都伴随着血和泪，每一起事故都渗透着悲切和痛楚。这些事故让许多个家庭失去了往常的欢笑，让无数个亲人悲痛欲绝。看着电视画面中那些事故受害家庭一幕幕心酸的场面，妻儿老小撕心裂肺的哭喊，我的心里总会忐忑不安。

我们同在国家电网工作，安全成为我们连接亲朋好友的纽带。如果说幸福像一个圆的话，那么安全就是这个圆的半径，半径越小，圆就越小，没有了半径也就没有了圆；如果说幸福是一首美妙的乐曲，那么安全就是这首乐曲中的音符，音符不全就会跑调，没有了音符，乐曲也就荡然无存了。

对我们的企业来说，安全也是一个企业生存和发展的基础，更是社会稳定和经济发展的前提。“规范操作，安全运行”始终是电力行业的传家法宝。电力职工面对的是看以无形，听似无声的“电老虎”，一个疏忽、一次大意，都会带来不可设想的后果，那些电力事故中触目惊心的一幕幕往事，怎堪回首。

“高高兴兴上班，平平安安回家”不仅是每一个电力职工的心愿，也是我们家人的期盼。

你的表弟：肖梦源

（肖梦源，国网孝感供电公司）

回音壁

居安思危，防患于未然

刘肖然

肖梦源：

很高兴听到你们成功灭火的消息。我们自踏入电力行业的大门，就开始接受安全教育。记得刚刚走上工作岗位的时候，“四不伤害”成为我接受的第一个安全理念。翻看一期期的安全简报时，警钟在我的脑海里敲响。

“安全第一、预防为主”，我们牢记在心。我们月月喊，天天学，时时讲，安全工作规程翻破了一本又一本，安全学习记录写了厚厚一大叠，可是为什么对每次事故进行分析，原因太多还是违章？我想不会有人对安全工作规程和技术操作规程有任何的怀疑，因为这些都是鲜血的教训凝结而成，每个人都对这些安全规程耳熟能详，但为什么最终不能落实到行动上呢？

在人的责任事故中，90%以上的责任是心存侥幸心理，安全措施未做到位而造成的。许许多多的事故都是可以避免的。比如说一个操作任务有十项内容，我们做了八项，往往剩下的两项，就有可能是我们安全工作的隐患。再比如我们一年一度的安规考试恐怕没有几个人能得满分，不会一道题在考场上应该不会出什么安全事故，但是在工作现场，这道题说不定正是你违章的根源。当我们注视着变电站里的设备安安静静运行时，当我们看见蓝天下电力五线谱奏出工农业生产的美好乐章时，当我们赞美电力铁塔如钢铁卫士一般顶天立地时，我们是否想过，如果稍有疏忽，安全意识刹那间离开我们的大脑，在那可怕的瞬间弧光闪耀之处，一切美好的生命，都将化为乌有。居安思危，防患于未然。

作为电力系统一线上的变电运行工作人员，责任十分重大。在别人眼里，我们的工作很清闲，但是他们却不知，我们一上岗精神压力很大，不但要保证我们的人身安全，还要保证设备经济安全稳定运行。平日里，我们付出种种艰辛，用我们的耐心、细心和诚心，换取生产的安全运行，因此我自豪，我骄傲。

我会一如既往，关注安全，关爱生命。

你的表哥：刘肖然

让青春梦想与电网安全同行

汤海霞

朝气蓬勃的新同事们：

你们好，首先欢迎你们加入国网随州供电公司这个光荣的大家庭。时间如白驹过隙，转眼间我都工作 14 年了，已然成了你们眼中的“老”师傅。曾经在家属院里嬉戏玩耍的小朋友们现已学业有成，陆续成了我的学弟学妹，即将成为并肩作战的同事，正如歌里唱的“长大后我就成了你……”

感慨之余，作为学姐、作为老师傅有话对你们说：希望你们在像花儿一样的年纪里，怀揣青春梦想，携手电力安全前行，勤奋学习奋力赶超，不负春光不负卿。

十年寒窗，为金榜题名；朝夕耕耘，为春华秋实。对从事电力调度的我们来说，安全就是我们最大的梦想。在岗一分钟，安全 60 秒。为了实现这一梦想，我和我的同事们夜以继日地坚守在调度台前：合理安排运行方式，保证电网安全稳定运行；准确下达操作指令，确保检修工作顺利开展和作业人员生命安全；快速正确处理事故，确保设备安全和及时恢复供电。随州电网 6376 天的长周期安全运行天数见证了一代又一代电力调度人的青春梦想。

时光荏苒，14 年的职业生涯，我有了自己的一些心得。严谨认真是我实现安全的第一个法宝。每次接班，我都提前来到调度台，换好工装，拿出工作笔记，了解检修进展，熟悉方式改变，连贯的动作已演变成职业习惯。拟票、记日志、写分析、发短信、收发传真，如今的我用起调度技术支持系统也是娴熟自如。倒闸操作、事故处理、上下级联系业务我也能沉着冷静、井井有条。纵然交接班有录音，记日志有 WORD、OMS，但我总会另外再记一本笔记，上面详细地记录着当班期间电网运行方式，设备检修情况以及故障异常等事项，毕竟好记性不如烂笔头嘛！电网短信发布，别看是个简单的事，但认真和用心是必不可少的，往往一个错字，一个错位的小数点都会使我们严谨的调度形象大打折扣。每次发短信，语句措辞我都斟酌再三，字词、数字，特别是小数点位数及单位我都是看了又看，确认无误后再让同班师傅检查一遍，两人都无异议后再发送。

勤奋好学是我实现安全的第二个法宝。从事电力调度，要知其然更要知其所以然。还记得入职伊始，一次填写线路停电操作票的经历让我记忆犹新。拟票时我参照样票成功搞定，但轮到师傅审票，一句不经意的拷问：为什么线路停电开关断开后，要先拉 6 字号刀闸再拉 1 字号刀闸？照猫画虎的我显然答不上来。而师傅则耐心跟我讲起了所以然：线路停电如果开关误在合上位置拉刀闸会产生危险的弧光短路，这时如果先拉 6 字号刀闸，短路点在线路侧，由开关保护跳开切除故障，从而将故障限制在本线路侧，而如果先拉 1 字号刀闸，短路点则在母线侧，会引起母差保护动作或者上级线路开关保护动作，扩大事故停电范围。我当时哑然，看似简单的操作顺序背后竟蕴含如此深奥的知识。自此，我不敢闲着，没事的时候看看技术问答，不懂的时候请教请教，有时还会同师傅们展开激烈的讨论，不过我的技术水平也由此得到了提升。

尽职履责是我实现安全的重要法宝。古有“食君之禄、担君之忧、忠君之事”，今有“在其位、谋其政、作其事、尽其责”。作为随州电网调度的安全护卫，我们肩负着为千家万户输送光明的神圣职责。无论是在阳光明媚的白天还是雷电交加的雨夜，我们都守候在电力调度运行一线：监视、控制、调整电网运行方式，及时排查处理设备缺陷和故障。我们通过日、周、月电网运行分析，通过风险预警和应急预案、通过事故预想和联合反事故演习来夯实电网安全运行基础。我们以数千次操作而无一次失误的准确度，圆满完成各项任务，护卫着电网度过一个个酷暑和严冬。

作为调度新生代力量的你们，激情澎湃斗志昂扬。为了传承一代又一代电力调度人共同的安全梦想，希望你们用知识武装自己的头脑，用实践锤炼自己的业务技能，用青春奏响安全运行的华丽乐章。

来吧！放飞你们的青春，放飞你们的梦想，带着你们的梦想踏上征途，让青春梦想与电网安全同行。

汤海霞

（汤海霞，国网随州供电公司）

回音壁

共同传承安全梦想

汤班长：

读完您给我们写的安全家书，不禁百感交集。

时光匆匆，加入国网随州供电公司电力调度控制中心这个大家庭已一年有余。期间，我先后在不同班组轮岗见习，相处共事中我发现，中心领导公正严明亦平易近人，班组主管运筹帷幄亦一丝不苟，当班师傅气定神闲亦临危不乱。每个人都有各自不同的工作方式，但正如您在信中的字字真言，确保人身、电网和设备的安全是工作在运行一线人员不可逾越的底线，必须时刻牢记在心。下面我希望融合安全理念，与您谈谈个人入职一年以来的心得体会、成长收获和对今后的职业生涯规划。

对于正式走向工作岗位的青年员工而言，我的体会是：首要是端正态度。俗话说“态度决定一切”。尤其身处运行一线的电力调度员工，对待工作一事的态度、对待安全二字的态度，不得有丝毫懈怠。记得去年11月下旬在京山进行“新员工综合素质能力提升”培训时曾学到：一个人在既定的工作岗位上能走多远，态度和能力占有举足轻重的地位，两者的关系可用平面直角坐标系的四个象限作以形象表述，横坐标表示能力，纵坐标表示态度。第一象限属于德才兼备者，第二象限属于能力欠缺但态度端正者，第三象限属于态度和能力均未能达到既定标准者，第四象限属于能力过人但态度不端者。我希望个人在职业生涯初期，能从第二种人做起，颓唐挫败之际提醒自己不要成为第三种人，业绩凸显之时警示自己不要成为第四种人，不忘初心，向第一种人砥砺奋进。第二要注重细节，俗话说“细节决定成败”，尤其对于身处安全生产一线的调度岗位而言，批票时一条不够合理的方式安排，下令时一句不够准确的操作指令，均可导致“千里之堤，毁于蚁穴”。第三重在积累，小学即学过“合抱之木，生于毫末；九层之台，起于累土；千里之行，始于足下”。工作于当下，准备一本不放在那里睡大觉的笔记本，记下每一次会议的领导讲话，记下每一次当班期间的拟票要点，记下每一次同他人交流时的所获所得，线下趁热打铁并领悟消化，线上学以致用并举一反三，相信积累的力量，必将让你看到不一样的风景。

谈及我的成长收获，要感谢调控中心提供的优良平台和班长一直以来的谆谆教诲。在工作业务方面，自 2018 年 7 月入职以来，我先后参与了省调组织的新能源运行承载能力计算、电网潮流计算和分布式电源承载力评估测算，借此让我对随州电网网架结构和电网运行方式有了不断深化的认知。之后，协助同事完成《随州电网新能源运行承载能力专题分析报告》《2019 年湖北电网年度运行方式》《随州电网 2019 年度运行方式》等多份报告，进一步认识到调控中心各班组的有效运行机制及其对随州电网安全稳定运行的重要性。2019 年年初在班长的悉心指导下，我代表单位参加《降低广水市三级电网风险》QC 成果发布，并荣获市级二等奖，再一次深刻认识到降低风险保供电是在给安全开路。在政治思想方面，作为一名中共党员，争当“有理想、有道德、有文化、有纪律”的优秀电力四有青年。期间撰写政研论文《浅谈新常态下电力企业基层党支部建设》，参加“青老同乐闹元宵”主题团日活动并作“忆往昔岁月”个人发言，参加“淮源之春携手行，本质安全我来巡”活动等，正是在保证电网安全稳定运行的前提下，我们方能参与一次又一次丰富多彩的公司活动并深受精神洗礼。在文化修养方面，认真学习了国家电网企业文化并将其渗入工作生活中的点点滴滴，如参加“老有所为标兵先进事迹”报告会、“道德讲堂”活动并写出心得体会，参演公司 2019 新年晚会等活动。向爱岗敬业、创新创效、奋发有为、无私奉献、诚实守信的模范标兵学习，引导对标看齐意识，树立向上向善的价值追求。

谈及今后的职业生涯规划，我不想给自己设立太多或太高的目标，路还很长，得一步一个脚印；事会很多，得一件一件完成；困难将接踵而至，得一个一个克服。活在当下，立足眼前：发好每一份月度停运计划，写好每一份风险分析及事故处理预案，批好每一张检修申请票，拟好每一张操作指令票，做好每一份月度分析报告，编好每一本运行方式……多微笑，多交流，多反思总结，让自己一步一步成长。

身处调控中心这个大家庭，我愿意揣着梦的萤火，披荆斩棘，踏上追梦的征途，让行囊满溢工作的责任、担当、热情与自信，让那个被一代又一代电力调度人共同传承的安全梦想如八月划空的流火，潋滟这一方荆楚大地。

曹威

编后记

在编辑安全家书的过程中，我们常常会被一些文字感动。开展安全家书征集评比活动是国网湖北电力统一实施的“安全你我他”文化实践行动系列活动之一，但是写信的他们并没有把写信只是当作任务，而是激发了心中想要倾诉的情感；虽然安全家书指定了内容的主题，但他们的字里行间却透出了写信人之间的思念、担忧、误解、理解和安心等多种感觉；他们把面对面不好启齿的情感或事件用写信的方式倾心讲述，但倾诉的中心却都在“安全”两个字上。许多信的开篇也都表达了“家书”带给他们的惊喜和欣慰，这些都足以表明开展安全家书活动的必要和成功。

捧读家书，最让人感动的是他们在信中表露出来的情深意切。妻子给丈夫的祝福是安全、健康，一句“放心吧，家里有我！”让坚强的臂膀干起活来特别有底气，有使不完的劲；丈夫安慰妻子，“希望能早点回家，做两个好菜，多陪陪你和孩子”，女人的心瞬间就月明星稀，朗朗晴空；父母对孩子说我们永远是你的后盾，儿女对爹娘说我一定牢记殷殷嘱托；还有兄弟姐妹同事朋友，“安全第一”是他们之间最暖心的牵挂。

捧读家书，最让人敬佩的是他们在信中表露出的作为国家电网人的责任感。“抓好安全生产工作，我们义不容辞！”这是电力职工的心声；“老公，我明白，你肩上担负的不仅仅是一个丈夫和父亲的责任，更有一名国家电网人的使命……”这是妻子对丈夫的理解；“我是共产党员，我已经找到了为之奋斗的目标，我必须以国家为重，必须以信念为重。”这是一个共产党员的肺腑之言。安全本就是一种信仰。有这样一群责任担当的人，电力安全就有了本质上的保证。

捧读家书，最让人欣慰的是他们在信中表达的对安全的认识。“如果把安全比作一个挑夫，那么，它一头担着一个企业的健康发展，一头担着千百个职工家庭的平安幸福。只有遵守规则、注重细节，行得正、走得稳，企业发展才能越来越稳健，家庭才能越来越幸福。”妻子的坚强、丈夫的担当、父母的支持、儿女的坚定以及同事的关切，共同编织成了一张坚韧的大网，守卫着电网的安全。任尔千磨万击，我自岿然不动。

捧读家书，最让人受到鼓舞的是他们在信中表达的对企业、个人及家庭美好前景的无限憧憬。他们说“每一个人、每一项科技、每一种成果都与电力息息相关”，他们将“携手前行，共保平安，珍爱生命，用安全尽爱心，用安全尽孝道，用安全报答社会”，他们还将“携手共听小桥流水，并肩同看层林尽染，相依共赏花好月圆”。

捧读家书，最让人企盼的是他们平平安安、企业欣欣向荣、电力蓬勃发展。用安全家书的形式巩固广大干部员工“安全第一、生命至上”的安全价值观，发挥亲情在本质安全中的作用，可以说，活动的目的已经达到。从家书中可以看到，大家对安全意识的重视、对安全法规的熟悉、对安全制度的执行力度、对安全的千叮咛万嘱咐、对自我安全的警醒和担当……我们有理由相信，有这样的职工，有这样的家庭，有这样的关爱，有这样的信心，我们的企业一定能确保安全稳定局面，我们的安全一定能“咬定青山不放松，任尔东西南北风”。